Réussir

Eureka Math®
1ère année
Modules 4–6

Great Minds PBC is the creator of Eureka Math®,
Wit & Wisdom®, Alexandria Plan™, and PhD Science™.

Published by Great Minds PBC. greatminds.org

Copyright © 2020 Great Minds PBC. All rights reserved. No part of this work may be reproduced or used in any form or by any means—graphic, electronic, or mechanical, including photocopying or information storage and retrieval systems—without written permission from the copyright holder.

ISBN 978-1-64929-065-6

1 2 3 4 5 6 7 8 9 10 XXX 25 24 23 22 21 20

Printed in the USA

Apprendre ♦ Pratiquer ♦ Réussir

Le matériel pédagogique d'Eureka Math® pour A Story of Units® (K-5) est proposé dans le trio *Apprendre, Pratiquer, Réussir*. Cette série prend en charge la différenciation et la remédiation tout en gardant les documents pour les élèves organisés et accessibles. Les éducateurs constateront que la série *Apprendre, Pratiquer,* et *Réussir* propose également des ressources cohérentes—et donc plus efficaces—pour la réponse à l'intervention (RAI), la pratique supplémentaire et l'apprentissage pendant l'été.

Apprendre

Apprendre d'Eureka Math sert de compagnon de classe aux élèves, où ils montrent leurs réflexions, partagent ce qu'ils savent, et voient leurs connaissances s'enrichir chaque jour. *Apprendre* rassemble le travail quotidien en classe—Problèmes d'application, Tickets de sortie, Séries de problèmes, Modèles—dans un volume organisé et facilement navigable.

Entraînement

Chaque leçon Eureka Math commence par une série d'activités de perfectionnement énergiques et joyeuses, y compris celles se trouvant dans *Pratiquer d'Eureka Math*. Les élèves qui maîtrisent déjà leurs savoirs en mathématiques peuvent acquérir une plus grande maîtrise pratique, encore plus approfondie. Avec *Pratiquer,* les élèves acquièrent des compétences dans les savoirs nouvellement acquis et renforcent leurs apprentissages antérieurs en vue de la leçon suivante.

Ensemble, *Apprendre* et *Pratiquer* fournissent tout le matériel imprimé que les élèves utiliseront pour leur enseignement fondamental des mathématiques.

Réussir

Réussir d'Eureka Math permet aux élèves de travailler individuellement envers la maîtrise. Ces séries additionnelles de problèmes font correspondre chaque leçon à l'enseignement en classe, ce qui les rend idéaux comme devoirs ou entraînements supplémentaires. Chaque ensemble de problèmes est accompagné d'une Aide aux Devoirs, un ensemble d'exemples concrets qui illustrent comment résoudre des problèmes similaires.

Les enseignants et les tuteurs peuvent utiliser les livres *Réussir* des niveaux précédents comme outils cohérents avec le programme pour combler des lacunes dans les connaissances fondamentales. Les élèves s'épanouiront et progresseront plus rapidement parce que les modèles familiers facilitent les connexions au contenu de leur niveau scolaire actuel.

Élèves, familles et éducateurs :

Merci de faire partie de la communauté *Eureka Math*®, qui célèbre la passion, l'émerveillement et le plaisir des mathématiques.

Rien ne vaut la satisfaction de la réussite : plus les élèves sont compétents, plus leur motivation et leur engagement sont grands. Le livre *Eureka Math Réussir* fournit les conseils et les exercices supplémentaires dont les élèves ont besoin pour consolider leurs connaissances de base et acquérir la maîtrise de nouveaux matériaux.

Que contient le livre Réussir ?

Les livres *Eureka Math Réussir* fournissent des ensembles d'exercices pratiques qui complémentent les leçons de *Une histoire d'unités*®. Chaque leçon de *Réussir* commence par un ensemble d'exemples travaillés, appelés *Aides aux devoirs*, qui illustrent la façon dont le programme d'études utilise la modélisation et le raisonnement pour renforcer la compréhension. Ensuite, les élèves s'exercent à l'aide d'une série de problèmes soigneusement séquencés afin de partir d'une zone de confort, puis augmentent progressivement en complexité.

Comment Réussir doit-t-il être utilisé?

La série de livres *Réussir* peut être utilisée comme enseignement différencié, exercices pratiques, devoirs ou comme soutien scolaire. Associées à *Affirmé*®, le système d'évaluation numérique d'*Eureka Math*, les leçons de *Réussir* permettent aux éducateurs de dispenser une pratique ciblée et d'évaluer les progrès des élèves. L'alignement de *Réussir* avec les modèles mathématiques et le langage utilisés dans *Une histoire d'unités* garantit aux élèves de comprendre les liens et la pertinence de leur enseignement quotidien, qu'ils travaillent sur les compétences de base ou qu'ils approfondissent dans leur savoir.

Où puis-je en savoir plus sur les ressources Eureka Math ?

L'équipe de Great Minds® s'engage à aider les élèves, les familles, et les éducateurs avec une bibliothèque de ressources en constante expansion, disponible sur le site eureka-math.org. Le site Web propose également des histoires de réussite inspirantes survenues dans la communauté *Eureka Math*. Partagez vos idées et vos réalisations avec d'autres utilisateurs en devenant un Champion d'*Eureka Math*.

Meilleurs vœux pour une année pleine de moments Eureka !

Jill Diniz
Directeur des mathématiques
Great Minds

Sommaire

Module 4 : Valeur de position, comparaison, addition et soustraction jusqu'à 40

Sujet A : Dizaines et Unités

Leçon 1 3

Leçon 2 7

Leçon 3 11

Leçon 4 15

Leçon 5 19

Leçon 6 23

Sujet B : Comparaison de paires de nombres à deux chiffres

Leçon 7 27

Leçon 8 33

Leçon 9 37

Leçon 10 41

Sujet C : Addition et soustraction de dizaines

Leçon 11 45

Leçon 12 49

Sujet D : Addition de dizaines ou d'unités à un nombre à deux chiffres

Leçon 13 53

Leçon 14 57

Leçon 15 61

Leçon 16 65

Leçon 17 69

Leçon 18 73

Sujet E : Problèmes de types variés jusqu'à 20

Leçon 19 77

Leçon 20 81

Leçon 21 85

Leçon 22 89

Sujet F: Addition de dizaines et d'unités à un nombre à deux chiffres

Leçon 23 93

Leçon 24 97

Leçon 25 101

Leçon 26 105

Leçon 27 109

Leçon 28 113

Leçon 29 117

Module 5: Identifier, composer, et découper des formes

Sujet A: Attributs des formes

Leçon 1 123

Leçon 2 129

Leçon 3 133

Sujet B: Relations partie-tout dans les formes composées

Leçon 4 137

Leçon 5 141

Leçon 6 147

Sujet C: Moitiés et quarts de rectangles et cercles

Leçon 7 151

Leçon 8 155

Leçon 9 159

Sujet D: Application de moitiés pour dire l'heure

Leçon 10 163

Leçon 11 167

Leçon 12 171

Leçon 13 175

Module 6: Valeur de position, comparaison, addition et soustraction jusqu'à 100

Sujet A: Comparaison de problèmes

Leçon 1 181

Leçon 2 185

Sujet B: Nombres jusqu'à 120

Leçon 3 189

Leçon 4 193

Leçon 5 197

Leçon 6 201

Leçon 7 205

Leçon 8 209

Leçon 9 213

Sujet C: Addition jusqu'à 100 en utilisant la compréhension de la valeur de position

Leçon 10 217

Leçon 11 221

Leçon 12 225

Leçon 13 229

Leçon 14 233

Leçon 15 237

Leçon 16 241

Leçon 17 245

Sujet D: Stratégies variées de la valeur de position pour l'addition jusqu'à 100.

Leçon 18 249

Leçon 19 253

Sujet E: Les pièces et leur valeur

Leçon 20 257

Leçon 21 261

Leçon 22 265

Leçon 23 269

Leçon 24 273

Sujet F: Types de problèmes variés jusqu'à 20.

Leçon 25 277

Leçon 26 281

Leçon 27 285

Sujet G: Expériences culminantes

Leçon 28 289

Leçon 29 293

Leçon 30 295

1ère année

Module 4

Module 4

UNE HISTOIRE D'UNITÉS Leçon 1 Aide aux devoirs 1•4

1. Entoure les groupes de 10. Écris le nombre pour montrer la quantité totale d'objets.

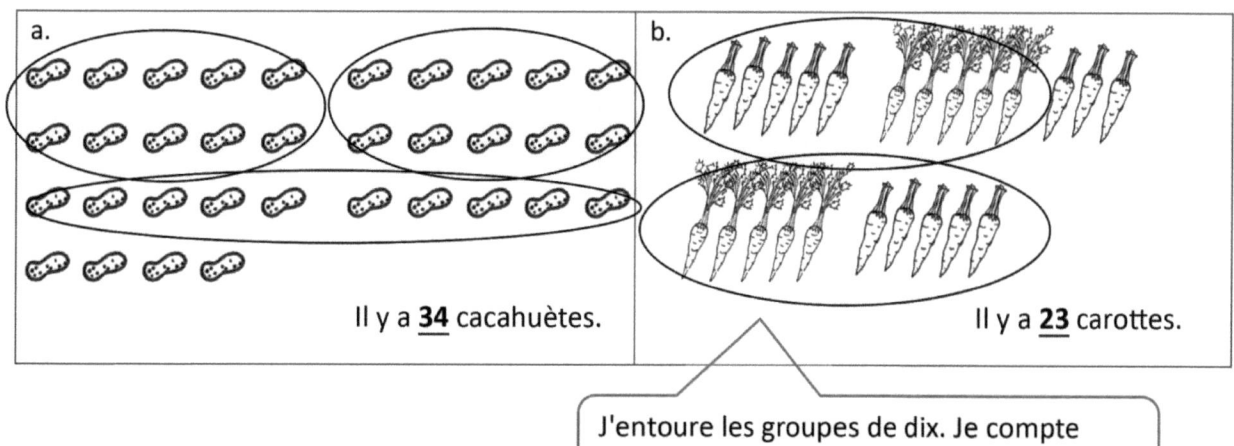

Il y a **34** cacahuètes.

Il y a **23** carottes.

J'entoure les groupes de dix. Je compte d'abord les dizaines et ensuite 1, 2, 3 font 23.

2. Crée une liaison numérique pour montrer des dizaines et des unités. Entoure les dizaines pour faciliter. Écris le nombre pour montrer la quantité totale d'objets.

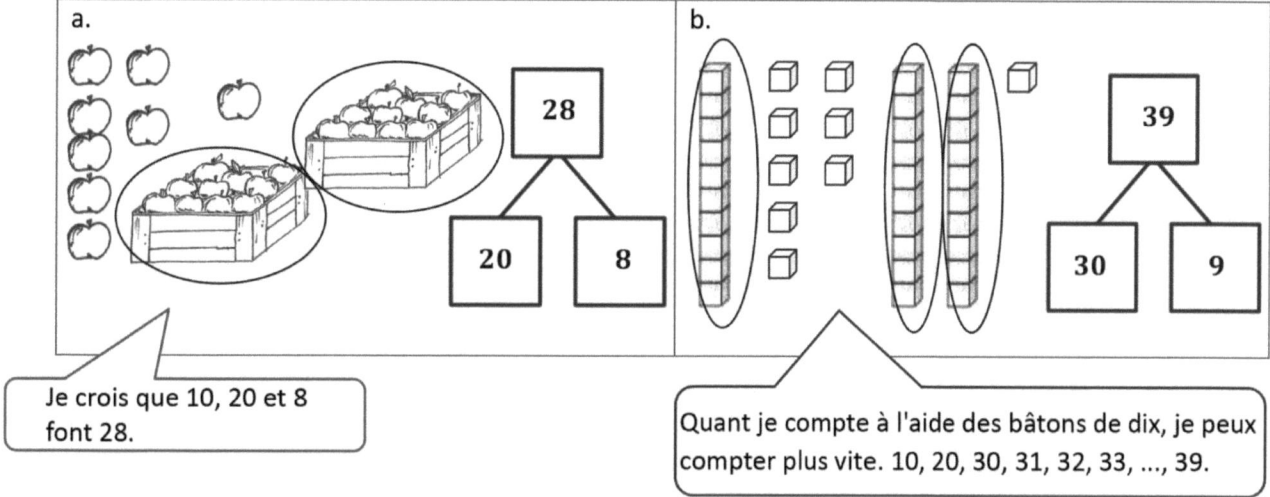

Je crois que 10, 20 et 8 font 28.

Quant je compte à l'aide des bâtons de dix, je peux compter plus vite. 10, 20, 30, 31, 32, 33, ..., 39.

Leçon 1 : Comparer l'efficacité du comptage par unités et du comptage par dizaines.

Crée ou complète le dessin mathématique pour montrer des dizaines et des unités. Complète les liaisons numériques.

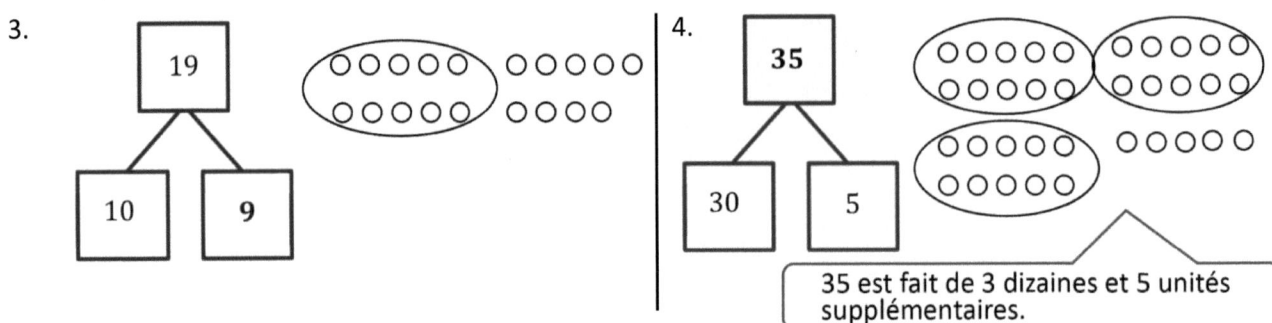

35 est fait de 3 dizaines et 5 unités supplémentaires.

Nom _____ Date _____

Entoure des groupes de 10. Écris le nombre pour montrer la quantité totale d'objets.

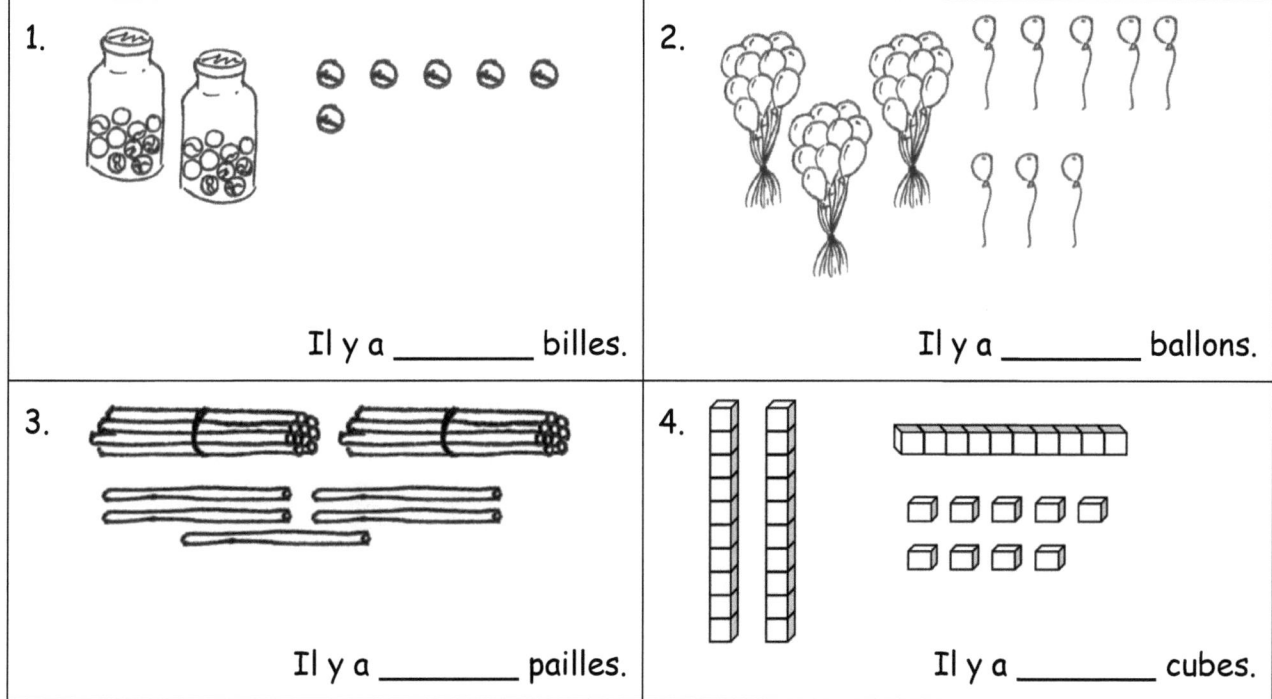

Crée une liaison numérique pour montrer des dizaines et des unités. Entoure les dizaines pour faciliter. Écris le nombre pour montrer la quantité totale d'objets.

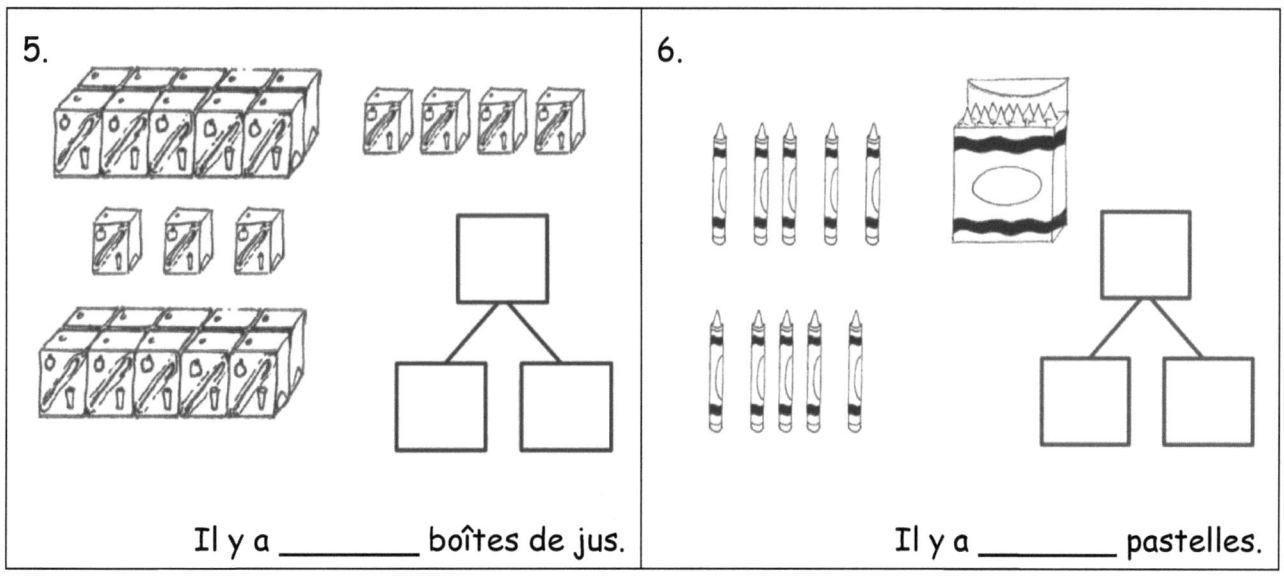

Crée une liaison numérique pour montrer des dizaines et des unités. Entoure les dizaines pour faciliter. Écris le nombre pour montrer la quantité totale d'objets.

7.

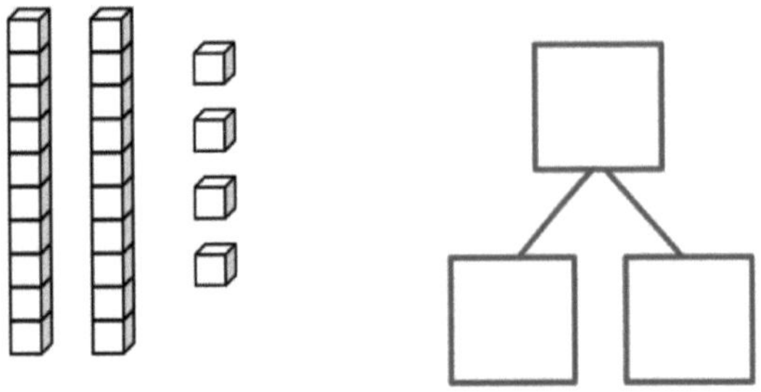

Il y a _____ cubes.

8.

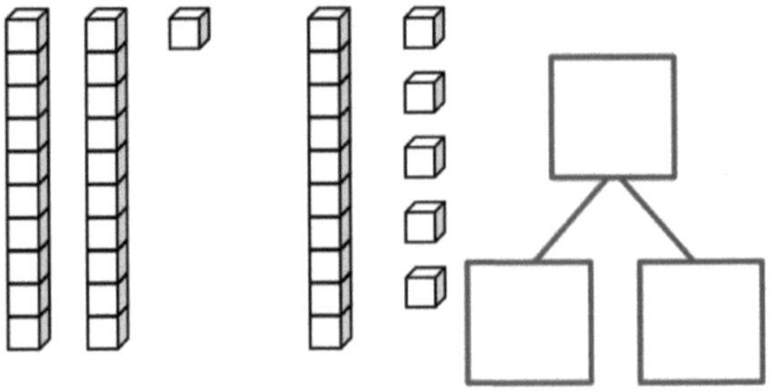

Il y a _____ cubes.

9.

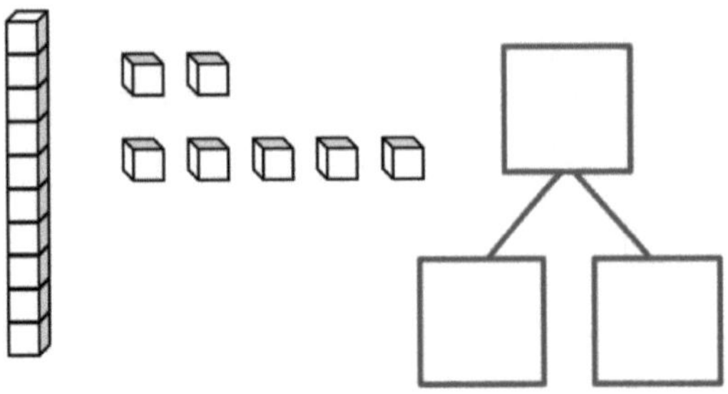

Il y a _____ cubes.

10.

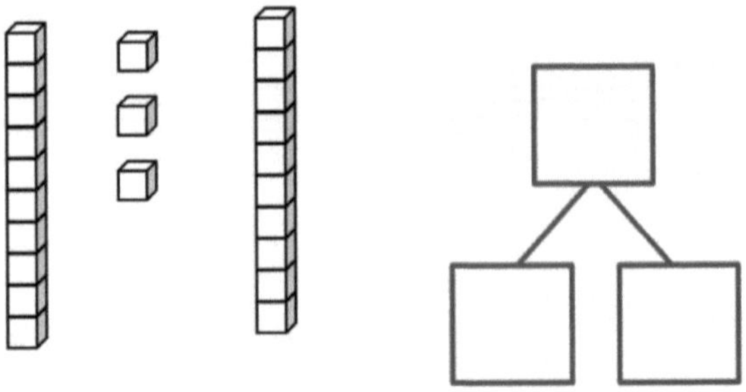

Il y a _____ cubes.

Crée ou complète le dessin mathématique pour montrer des dizaines et des unités. Complète les liaisons numériques.

11.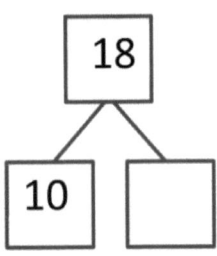

12.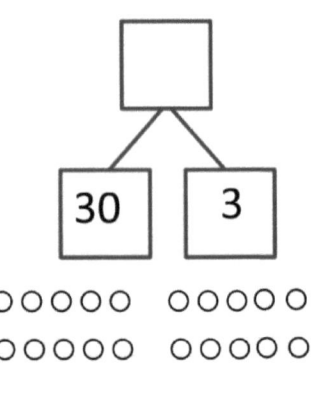

UNE HISTOIRE D'UNITÉS Leçon 2 Aide aux devoirs 1•4

Écris les dizaines et les unités. Complète l'énoncé.

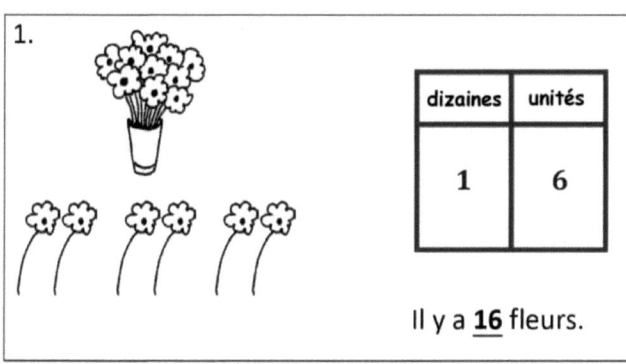

Dans le nombre 16, le 1 représente 1 dizaine. Le 6 représente 6 unités.

Écris les dizaines et les unités. Complète l'énoncé.

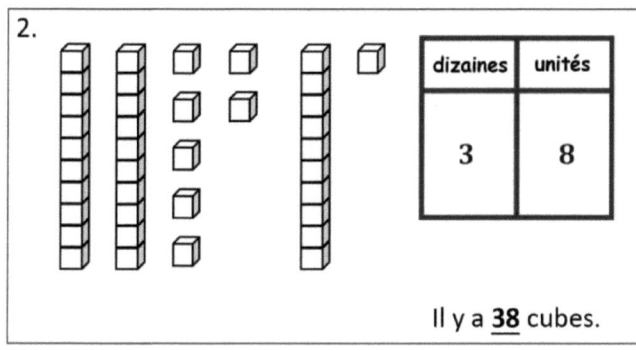

38 peut être séparé en deux parties : 30 et 8. J'ai 3 bâtons de dix et 8 unités supplémentaires.

Écris les nombres manquants. Dis-les de la façon régulière et la façon Dire Dix.

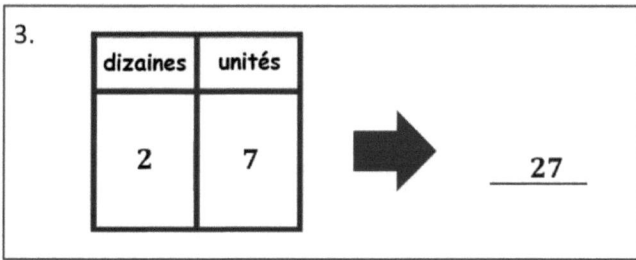

Je regarde le tableau de valeur de position. 2 dizaines et 7 unités font 27. Je peux le dire de façon « Dire dix » : 2 dizaines 7.

Leçon 2 : Utiliser le tableau de valeur de position pour noter et nommer les dizaines et les unités d'un nombre à deux chiffres.

7

4. Choisis un nombre inférieur à 40. Crée un dessin mathématique pour le représenter. Remplis la liaison numérique et le tableau de valeur de position.

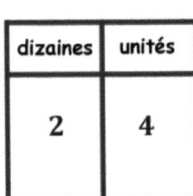 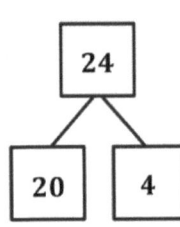 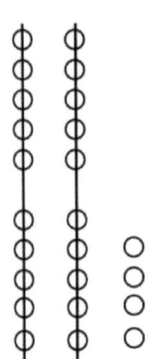

> Je peux faire un dessin d'un groupe de 5 colonnes. Je dessine 2 dizaines et 4 unités. 24 est 20 et 4.

Nom _____ Date _____

Écris les dizaines et les unités et complète l'énoncé.

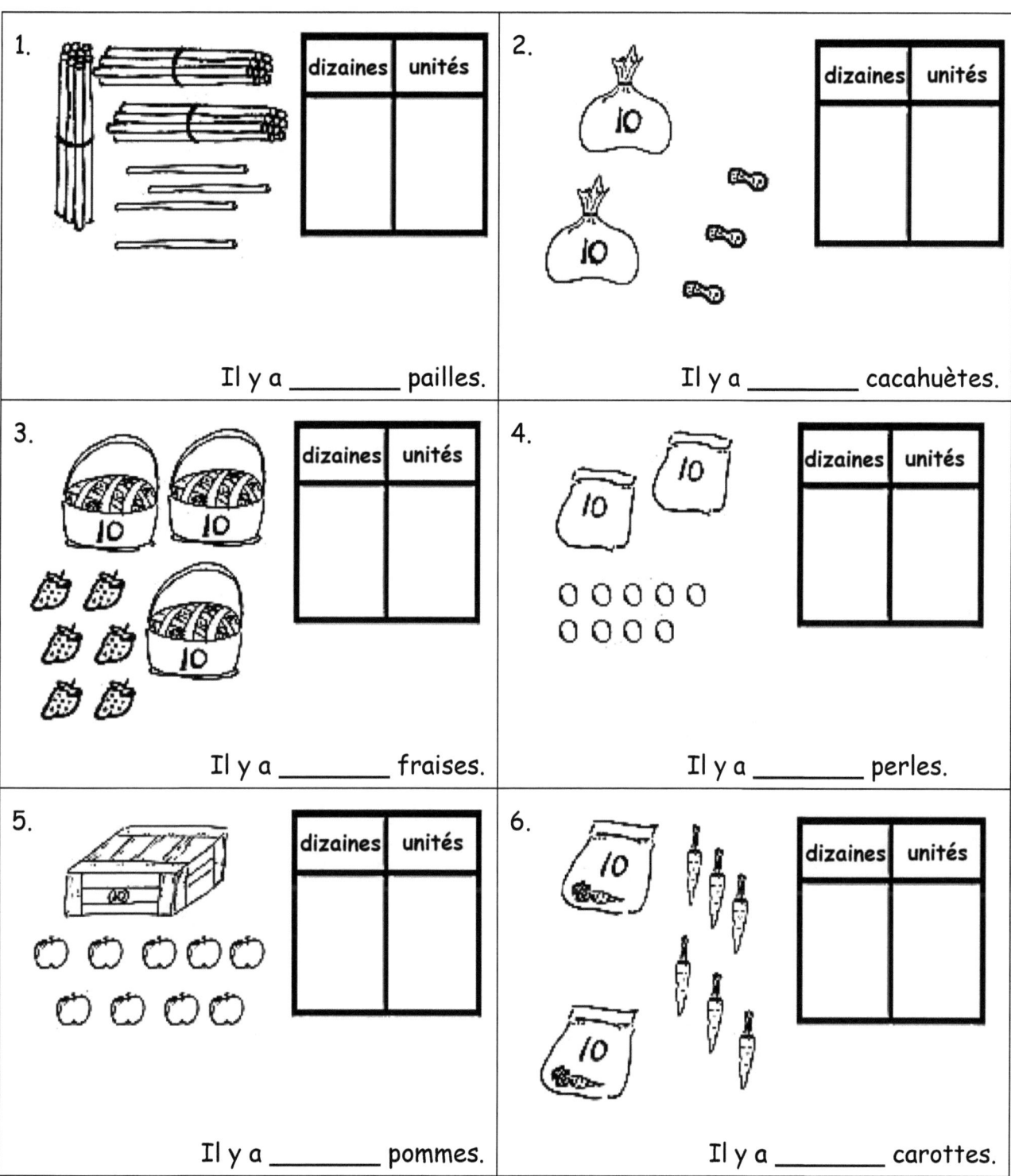

Écris les dizaines et les unités. Complète l'énoncé.

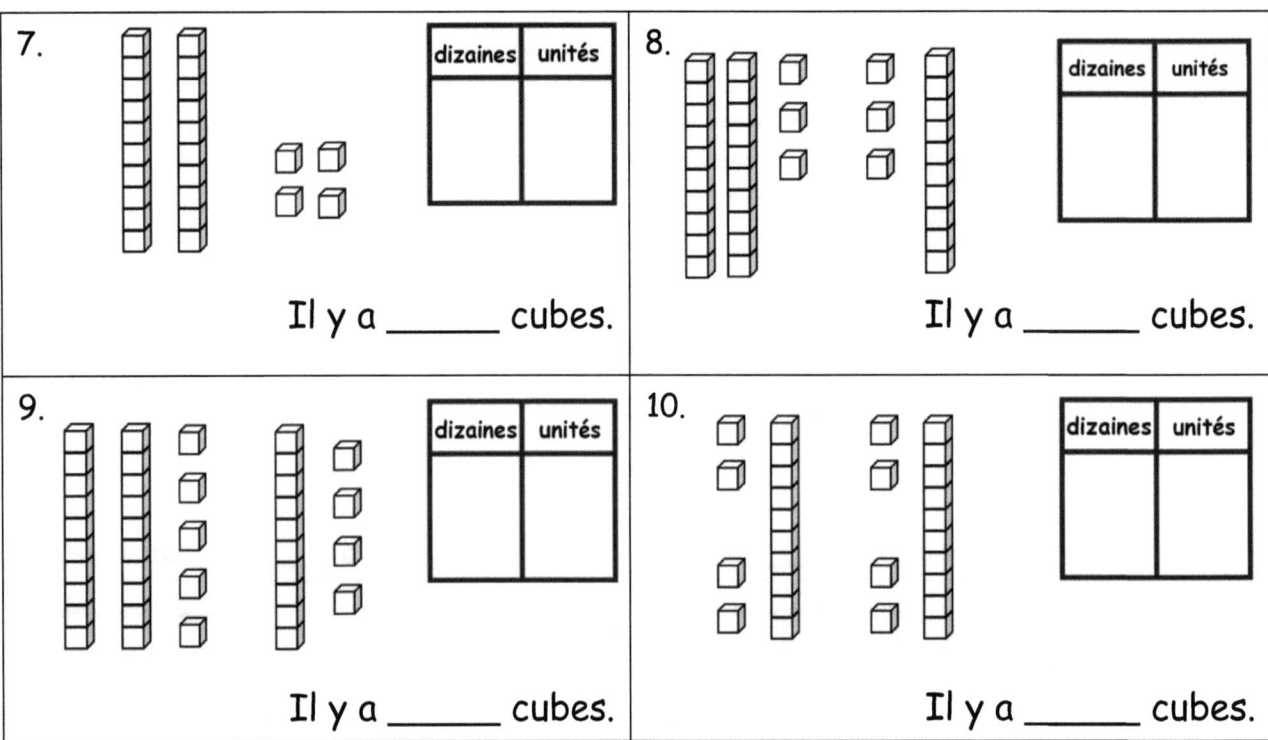

Écris les nombres manquants. Dis-les de la façon régulière et la façon Dire Dix.

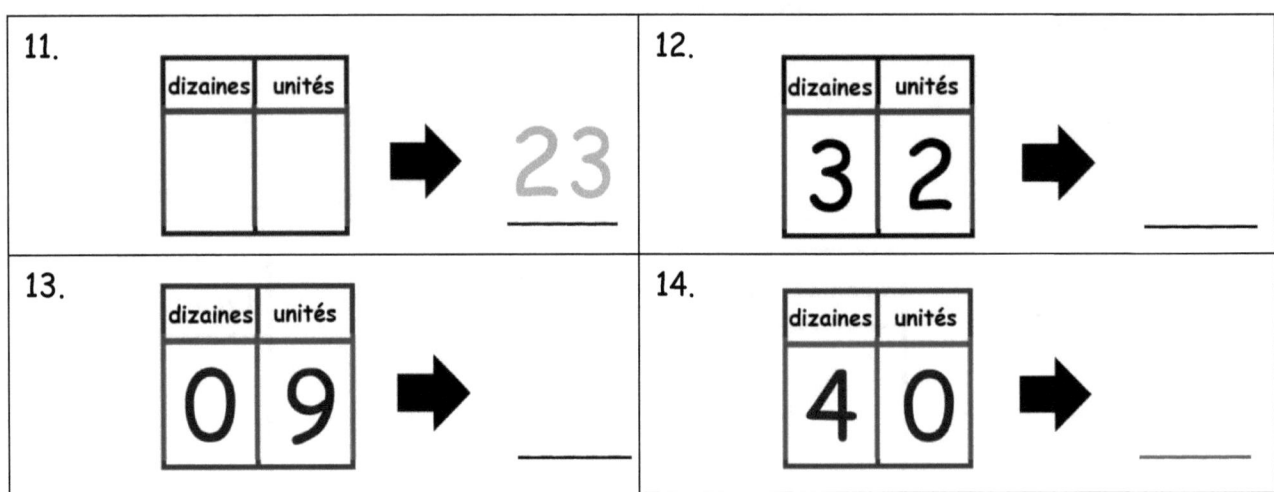

15. Choisis un nombre inférieur à 40. Crée un dessin mathématique pour le représenter et remplis la liaison numérique et le tableau de valeur de position.

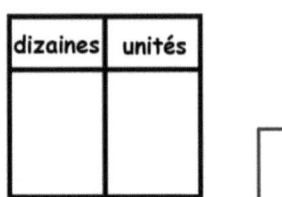
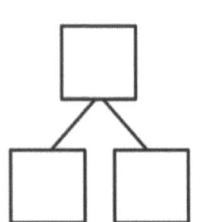

Leçon 3 Aide aux devoirs 1•4

1. Compte autant de dizaines que possible. Complète l'énoncé. Dis les nombres et les phrases.

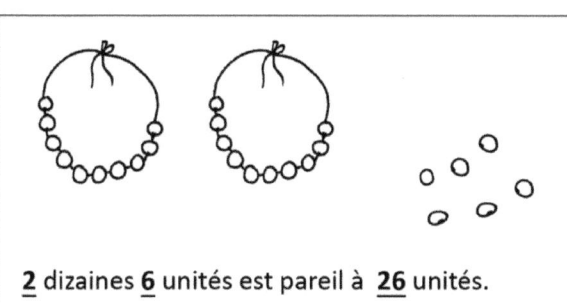

__2__ dizaines __6__ unités est pareil à __26__ unités.

> Je vois 26 comme 2 dizaines et 6 unités supplémentaires. D'abord, je compte par dix. 10, 20 et 6 unités font 26.

Remplis les nombres manquants.

> Le nombre 27 n'a pas 7 unités. Il en a 27 !

	dizaines	unités
2. __27__ ➡	2	7	➡ __27__ unités

3. __38__ ➡ 8 unités 3 dizaines ➡ __38__ unités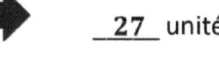

4. __30__ ➡ __0__ unités __3__ dizaines ➡ 30 unités

> Il y a 38 unités. Ou je peux dire 38 a 3 dizaines 8 unités. Chaque dizaine est fait de 10 unités. Je peux alors continuer à compter par dix pour arriver à 30 puis par unités pour arriver à 38.

5. Choisis au moins un nombre inférieur à 40. Dessine les nombres de 3 façons :

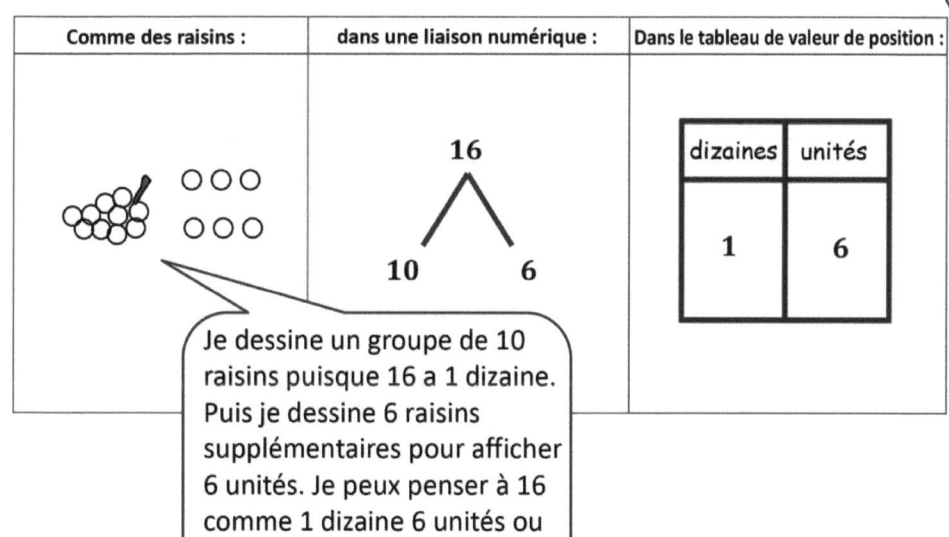

> Je dessine un groupe de 10 raisins puisque 16 a 1 dizaine. Puis je dessine 6 raisins supplémentaires pour afficher 6 unités. Je peux penser à 16 comme 1 dizaine 6 unités ou 16 unités.

Leçon 3 : Interpréter les nombres à deux chiffres soit comme des dizaines et des unités soit comme toutes des unités.

Nom ______________________________ Date ______________

Compte autant de dizaines que possible. Complète chaque énoncé. Dis les nombres et les phrases.

1.

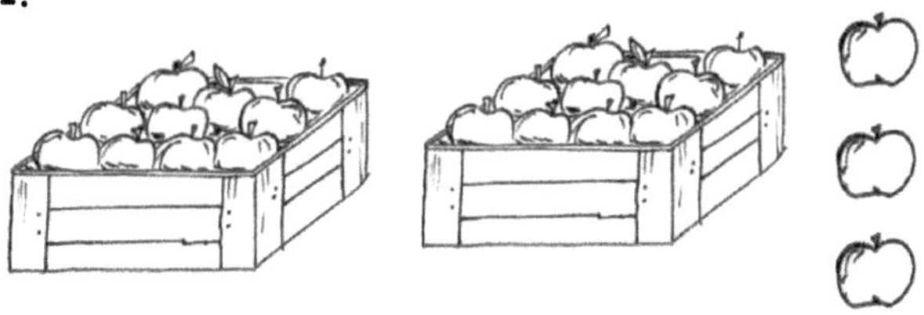

____ **dizaines** ____ **unités** est

égal à ____ **unités.**

2.

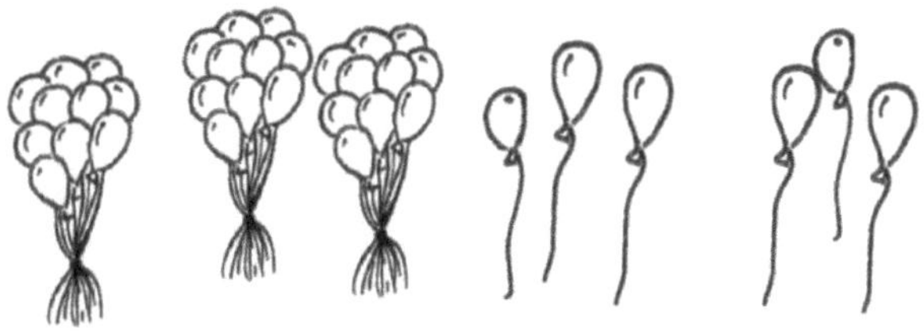

____ **dizaines** ____ **unités** est

égal à ____ **unités.**

3.

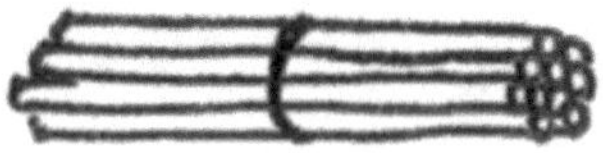

____ **dizaines** ____ **unités** est

égal à ____ **unités.**

4.

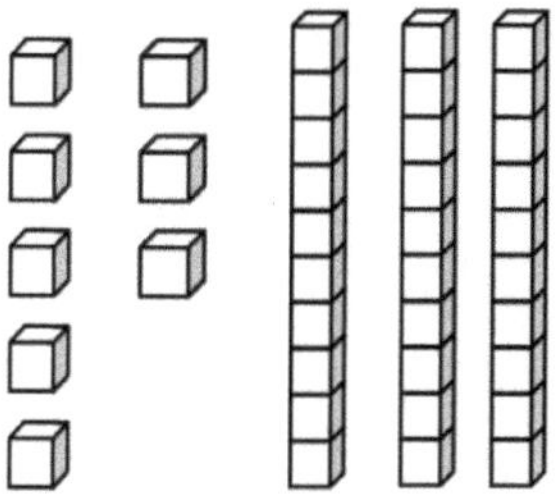

____ **dizaines** ____ **unités** est

égal à ____ **unités.**

Remplis les nombres manquants.

5. ______ ➡

dizaines	unités
2	9

➡ ______ unités

Copyright © Great Minds PBC

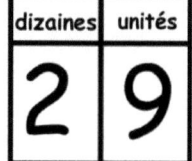

UNE HISTOIRE D'UNITÉS — Leçon 3 Devoirs — 1•4

6. 34 ➡ ____ dizaines ____ unités ➡ ____ unités

7. ____ ➡ | dizaines | unités |
         | 3 | 8 | ➡ ____ unités

8. ____ ➡ 9 unités 3 dizaines ➡ ____ unités

9. ____ ➡ ____ unités ____ dizaines ➡ 40 unités

10. Choisis au moins un nombre inférieur à 40. Dessine le nombre de 3 façons :

Comme des raisins :	dans une liaison numérique :	Dans le tableau de valeur de position :
	⋀	dizaines | unités

Leçon 3 : Interpréter les nombres à deux chiffres soit comme des dizaines et des unités soit comme toutes des unités.

1. Remplis la liaison numérique ou écris les dizaines et les unités. Complète les phrases d'addition.

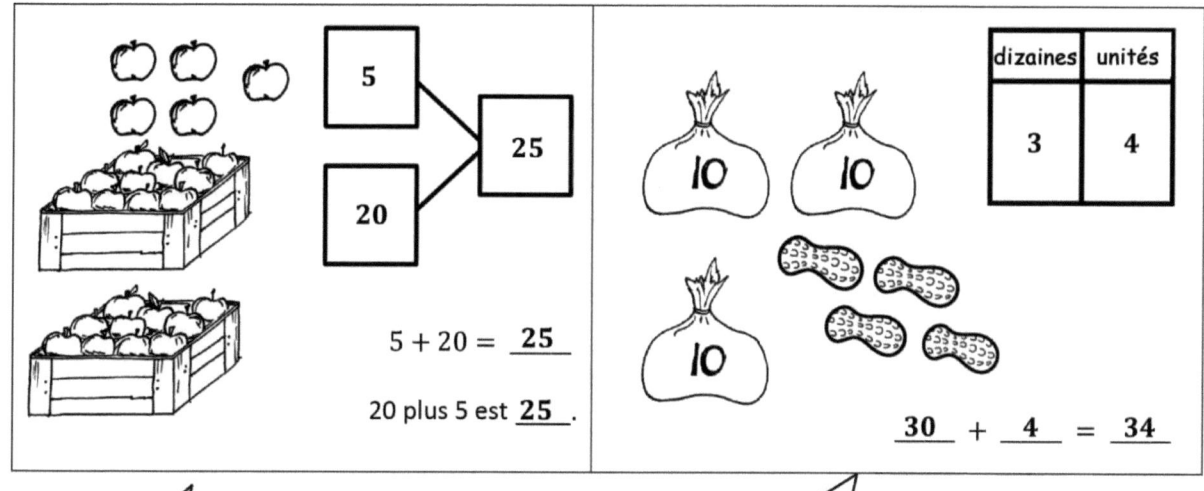

$5 + 20 = \underline{25}$

20 plus 5 est $\underline{25}$.

$\underline{30} + \underline{4} = \underline{34}$

Je peux faire une liaison numérique qui montre les dizaines et les unités ; je peux décomposer 25 en 20 et 5.

3 dizaines 4 unités est pareil au nombre 34. 3 est le chiffre dans en position des dizaines et 4 est le chiffre dans en position des unités.

Leçon 4 : Écrire et interpréter les nombres à deux chiffres comme des phrases d'addition qui combinent les dizaines et les unités.

2. Relie les images et les mots.

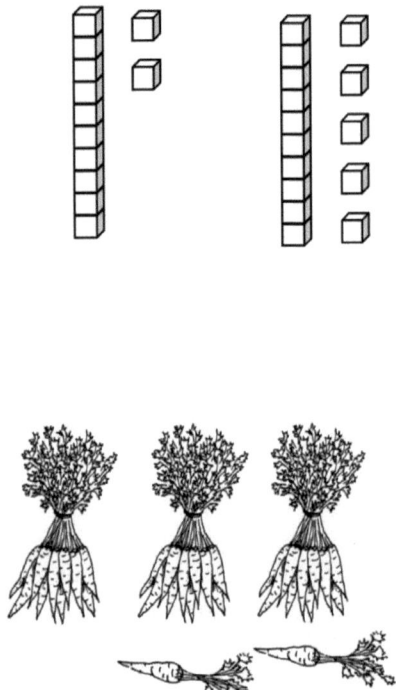

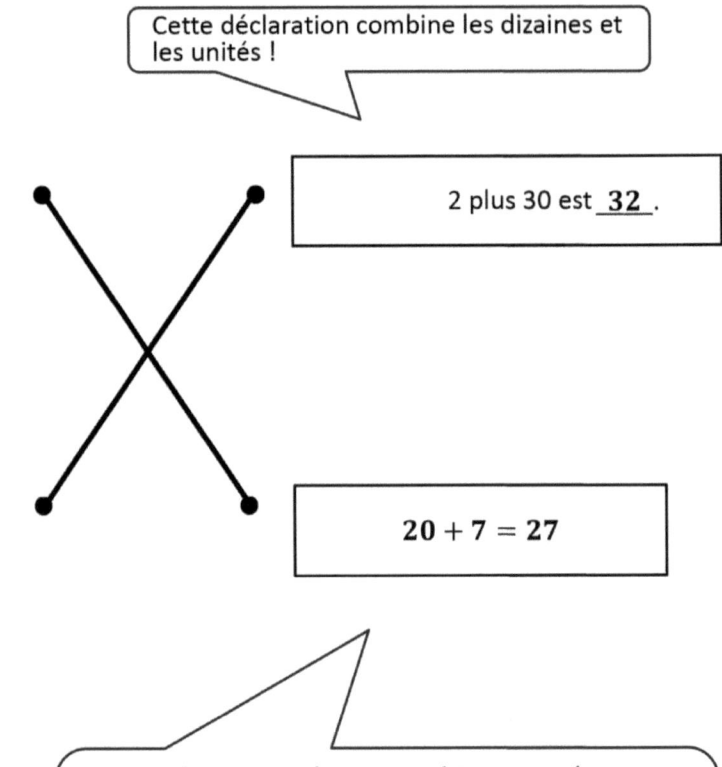

Cette déclaration combine les dizaines et les unités !

2 plus 30 est __32__.

20 + 7 = 27

Je peux écrire une phrase numérique avec les dizaines en premier ou je peux l'écrire avec les unités en premier, comme 7 + 20 = 27. Un chiffre indique combien de dizaines il y a et l'autre indique combien d'unités il y a.

Nom _____ Date _____

Remplis la liaison numérique ou écris les dizaines et les unités. Complète les phrases d'addition.

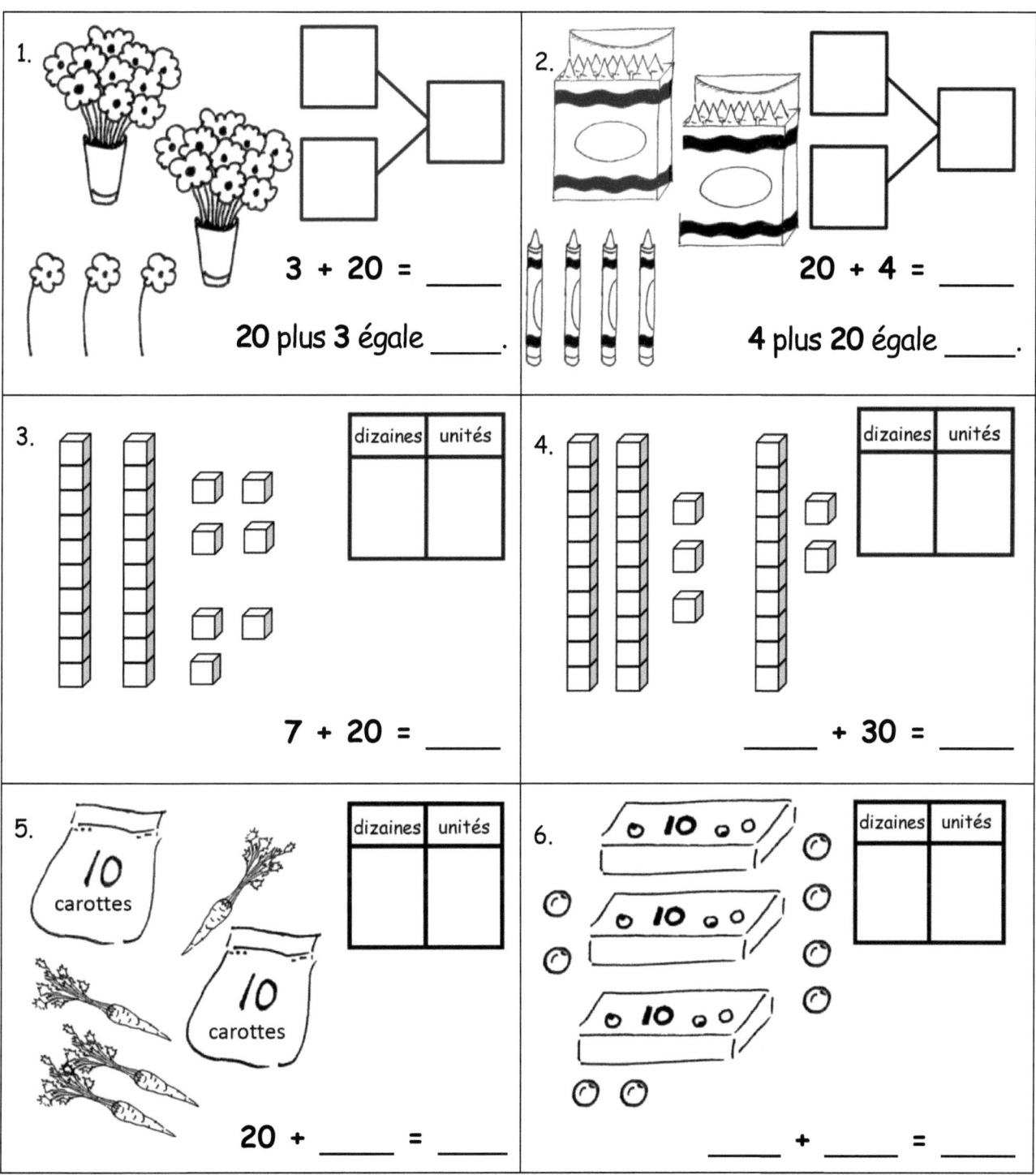

Relie les images et les mots.

7.  • • 1 et 30 font _____ .

8. 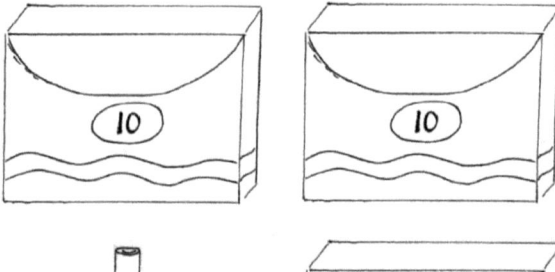 • • 8 + 30 = _____ .

9.  • • 2 plus 10 est _____ .

10. 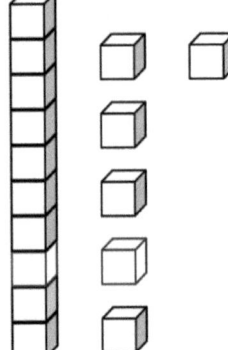 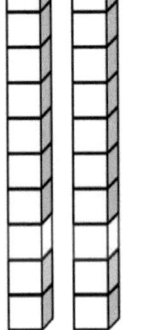 • • 20 + 4 = _____ .

UNE HISTOIRE D'UNITÉS | Leçon 5 Aide aux devoirs | 1•4

Dessine des dizaines et des unités rapides pour montrer le nombre. Ensuite, dessine 1 plus ou 10 plus.

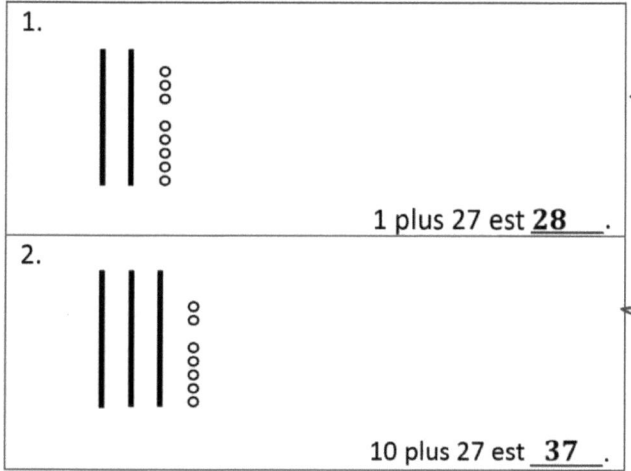

Je peux montrer 27 avec 2 dizaines rapides et 7 unités dans une colonne à groupes de 5.

Regarde la vitesse à laquelle je peux représenter 37. Une dizaine rapide est une ligne qui tient 10 perles ! Elle représente une dizaine. Je peux dessiner une dizaine rapide de plus pour montrer 10 plus 27.

Dessine des dizaines et des unités rapides pour montrer le nombre. Raie (x) pour montrer 1 moins ou 10 moins.

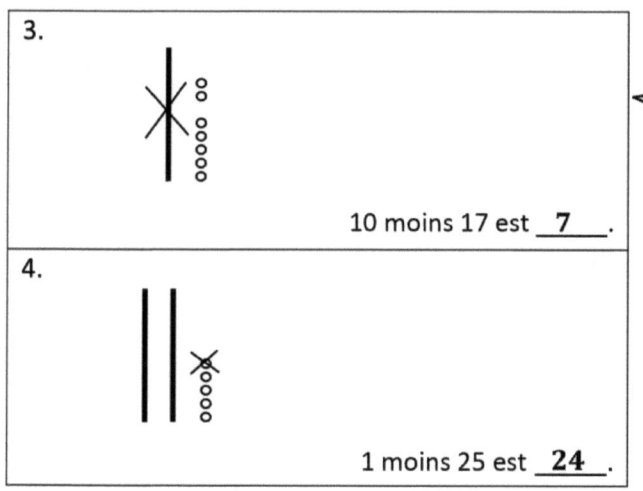

Je peux barrer une dizaine rapide quand je veux montrer 10 moins 17. Maintenant il n'y a pas de dizaine et il y a 7 unités.

Relier les mots avec l'image qui montre la bonne quantité.

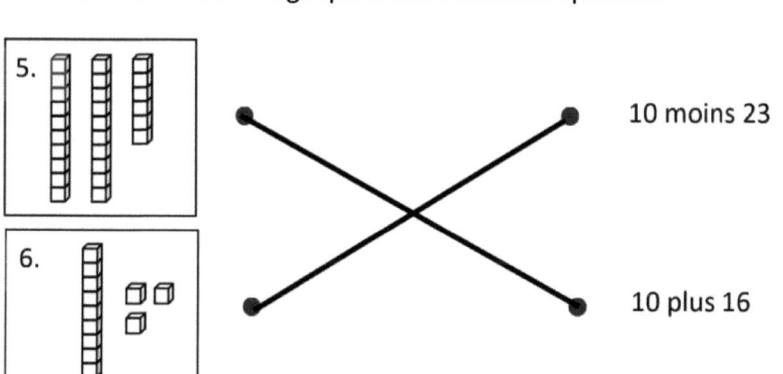

Le chiffre en position des dizaines change quand je pense à 10 plus 16. Le nouveau nombre est 26, soit 2 dizaines 6 unités.

Leçon 5 : Identifier 10 plus, 10 moins, 1 plus, et 1 moins un nombre à deux chiffres.

UNE HISTOIRE D'UNITÉS　　　　　　　　　　　　　　　　　　　　Leçon 5 Devoirs　　1•4

Nom _____　　　Date _____

Dessine des dizaines et des unités rapides pour montrer le nombre. Ensuite, dessine 1 plus ou 10 plus.

1. 1 plus 38 égale _____.	2. 10 plus 38 égale _____.
3. 1 plus 35 égale _____.	4. 10 plus 35 égale _____.

Dessine des dizaines et des unités rapides pour montrer le nombre. Raie (x) pour montrer 1 moins ou 10 moins.

5. 10 moins 23 égale _____.	6. 1 moins 23 égale _____.
7. 10 moins 31 égale _____.	8. 1 moins 31 égale _____.

Leçon 5 :　　Identifier 10 plus, 10 moins, 1 plus, et 1 moins un nombre à deux chiffres.

UNE HISTOIRE D'UNITÉS — Leçon 5 Devoirs

Relier les mots avec l'image qui montre la quantité correspondante.

9. 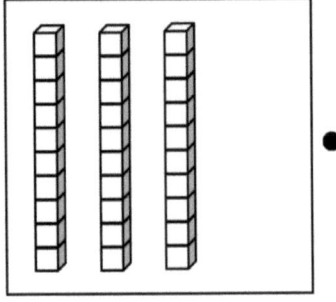 • • 1 moins 30.

10. 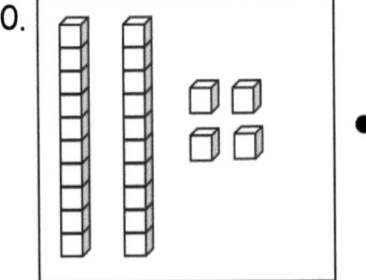 • • 1 plus 23.

11. 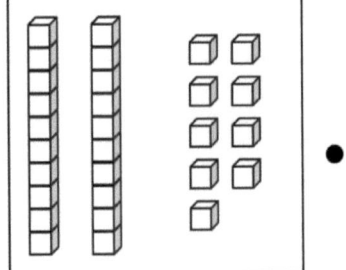 • • 10 moins 36.

12. 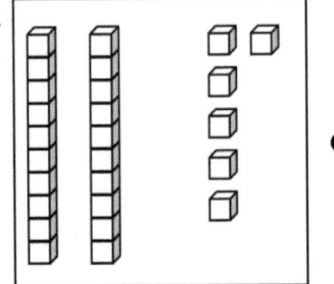 • • 10 plus 20.

Leçon 6 Aide aux devoirs

Remplis le tableau de valeur de position et les blancs

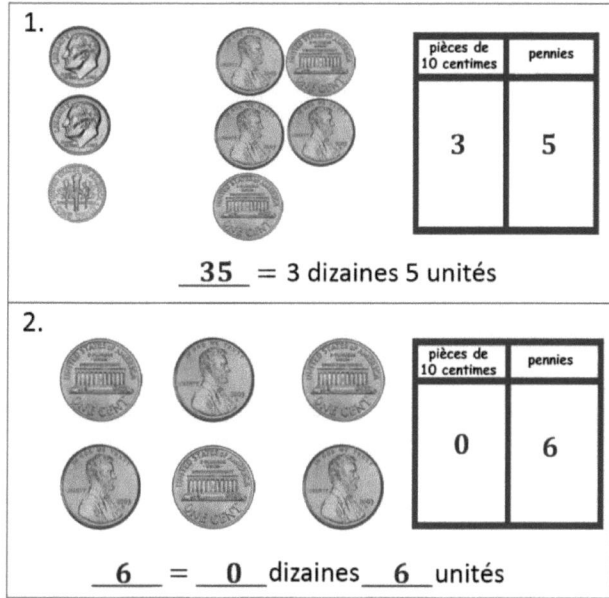

1. __35__ = 3 dizaines 5 unités

1 pièce de 10 centimes a la même valeur que 10 pennies (pièces d'1 centime), mais ce n'est qu'une seule pièce. 3 pièces de 10 centimes et 5 pennies égale 3 dizaines 5 unités. Ça fait 35 centimes !

2. __6__ = __0__ dizaines __6__ unités

Je ne vois pas de dizaines parce qu'il n'y a aucune pièce de 10 centimes. La valeur de 6 pennies est de 6 centimes.

Remplis le blanc. Dessine ou raie des dizaines ou unités selon les besoins.

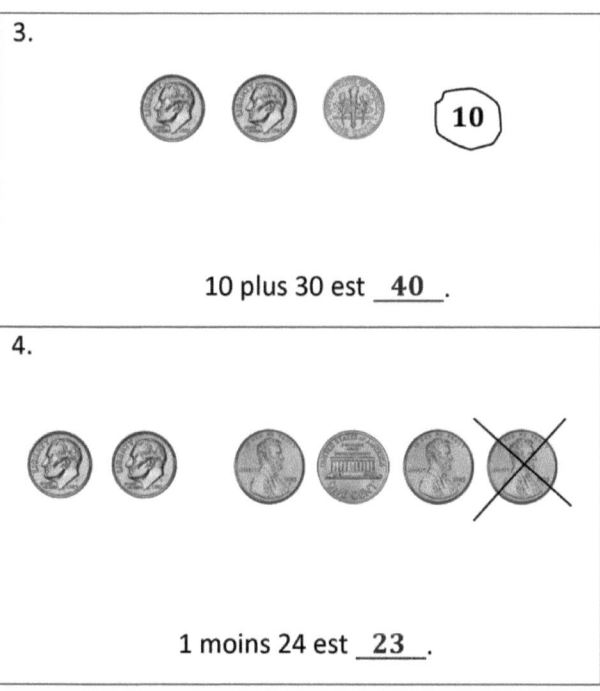

3. 10 plus 30 est __40__.

Je peux dessiner 1 pièce de 10 centimes de plus puisque je veux montrer 10 de plus. Alors 3 dizaines change en 4 dizaines. 30 centimes + 10 centimes = 40 centimes.

4. 1 moins 24 est __23__.

Quand je barre 1 penny, j'ai 1 de moins, soit 23 centimes. Je pourrais l'écrire dans mon tableau de valeur de position comme 2 dizaines 3 unités.

Leçon 6 : Utiliser des "dimes (pièces de 10 centimes) et des pennies comme représentations des dizaines et des unités.

Nom _____   Date _____

Remplis le tableau de valeur de position et les blancs.

1. 30 = _____ dizaines

2. 17 = _____ dizaine et _____ unités

3. _____ = 2 dizaines 2 unités

4. _____ = 3 dizaines 3 unités

5. _____ = _____ dizaines _____ unités

6. _____ = _____ dizaines _____ unités

7. _____ = _____ dizaine _____ dizaines

8. _____ dizaines _____ unités = _____

Leçon 6 : Utiliser des "dimes (pièces de 10 centimes) et des pennies comme représentations des dizaines et unités.

Leçon 6 Devoirs 1•4

UNE HISTOIRE D'UNITÉS

Remplis le blanc. Dessine ou raie des dizaines ou unités selon les besoins.

10 plus 25 est __35__

9. 1 plus 12 égale _____.

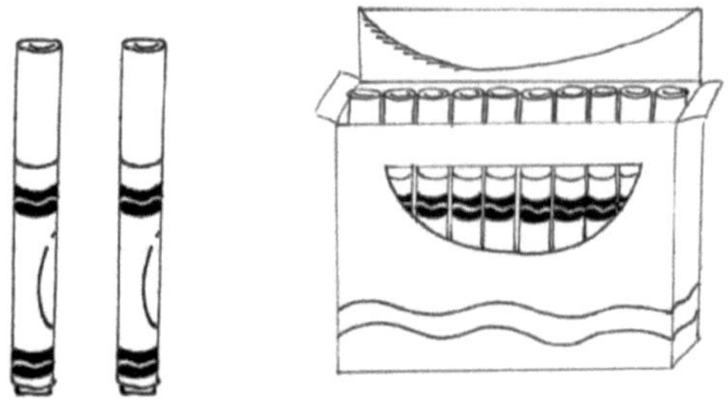

10. 10 plus 3 égale _____.

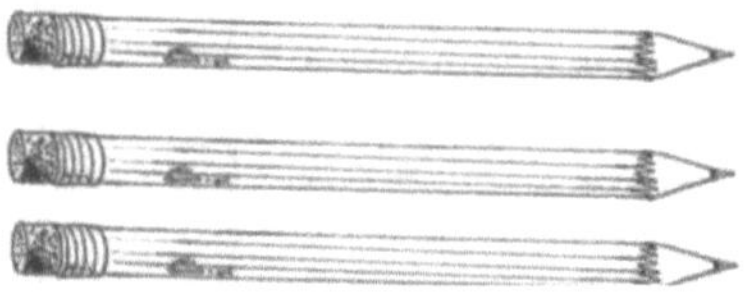

11. 10 plus 22 égale _____.

12. 1 plus 22 égale _____.

13. 1 moins 39 égale _____.

14. 10 moins 39 égale _____.

15. 10 moins 33 égale _____.

16. 1 moins 33 égale _____.

26　Leçon 6 :　Utiliser des "dimes (pièces de 10 centimes) et des pennies comme représentations des dizaines et unités.

UNE HISTOIRE D'UNITÉS — Leçon 7 Aide aux devoirs — 1•4

Écris le nombre, et entoure l'ensemble qui est le *plus grand* dans chaque paire. Dis une phrase pour comparer les deux ensembles.

1.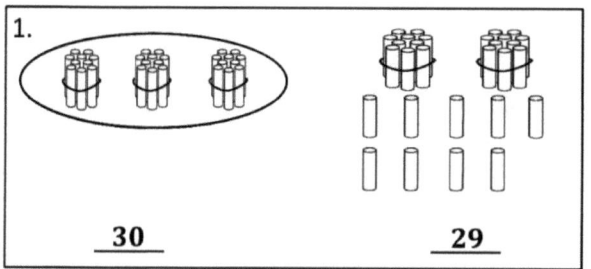
   __30__   __29__

   Je regarde d'abord la place des dizaines pour trouver le nombre qui est plus grand. 3 dizaines est plus que 2 dizaines. Alors, 20 est plus grand que 29.

Entoure le nombre qui est le *plus grand* pour chaque paire.

2. 3 dizaines 9 unités   (4 dizaines 8 unités)

   4 dizaines est plus grand que 3 dizaines, alors 48 est plus grand que 39.

Écris le nombre, et entoure l'ensemble qui est le *plus petit* dans chaque paire. Dis une phrase pour comparer les deux ensembles.

3.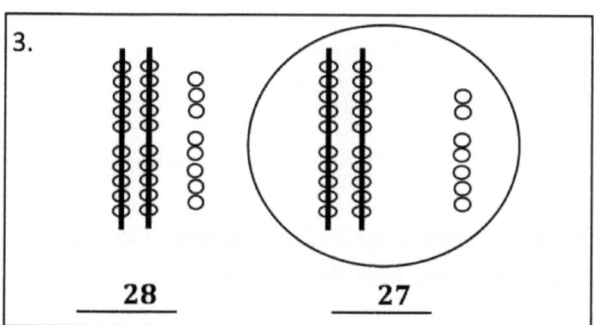
   __28__   __27__

   D'abord, je regarde la place des dizaines et les deux nombres ont 2 dizaines. Ensuite, je regarde la place des unités et 7 unités est moins que 8 unités. Alors 27 est moins grand que 28.

Leçon 7 : Comparer deux quantités, et identifier le plus grand ou le plus petit de deux nombres donnés.

UNE HISTOIRE D'UNITÉS   Leçon 7 Aide aux devoirs 1•4

4. Écris la valeur, et entoure l'ensemble de pièces de monnaie qui a la *plus petite* valeur.

14 *centimes*   22 *centimes*

> Le premier groupe a 5 pièces et le deuxième en a 4, mais il faut regarder les valeurs ! Les pièces de 10 centimes et les pennies sont comme des dizaines et des unités. Alors 1 dizaine 4 unités est moins grand que 2 dizaines 2 unités.

5. Maddox et Caroline jouent aux cartes. Si le total de Caroline a 29 unités et le total de Maddox est de 26, qui a le total le plus petit ? Crée un dessin mathématique pour expliquer comment tu le sais.

> Hé, 29 unités est aussi 2 dizaines 9 unités ! Je peux faire un dessin et comparer simplement les unités !

C

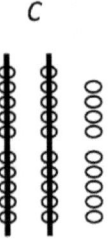

M

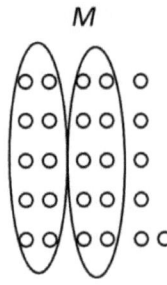

Le total de Maddox est le plus petit. Je le sais parce qu'ils ont tous les deux 2 *dizaines, donc j'ai examiné les unités. Maddox a seulement* 6 *unités, et Caroline a* 9 *unités. Donc, Maddox a moins.*

Nom _____ Date _____

Écris le nombre, et entoure l'ensemble qui est le *plus grand* dans chaque paire. Dis une phrase pour comparer les deux ensembles.

1.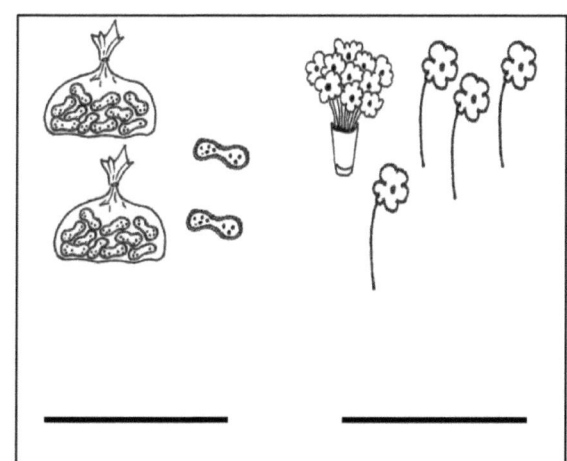

2.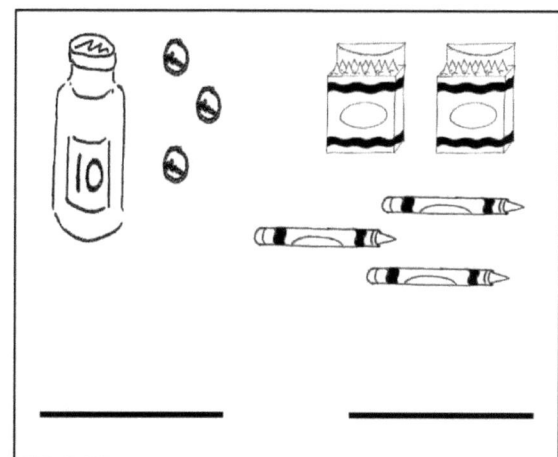

Entoure le nombre qui est le *plus grand* pour chaque paire.

3. 3 dizaines 8 unités   3 dizaines 9 unités

4. 25   35

5. Écris la valeur, et entoure l'ensemble de pièces de monnaie qui a la *plus grande* valeur.

_____   _____

Leçon 7 : Comparer deux quantités, et identifier le plus grand ou le plus petit de deux nombres donnés.

Écris le nombre, et entoure l'ensemble qui est le *plus petit* dans chaque paire. Dis une phrase pour comparer les deux ensembles.

6.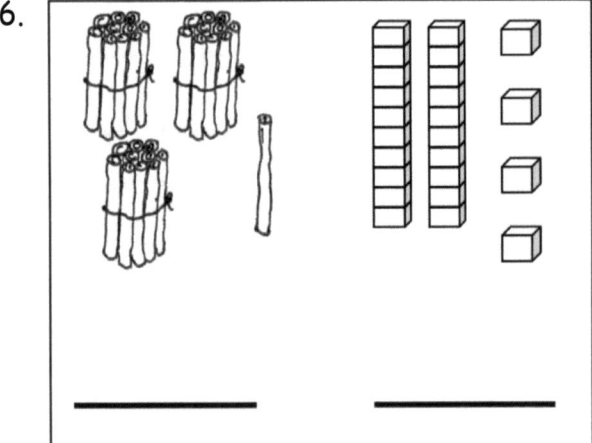

_____   _____

7.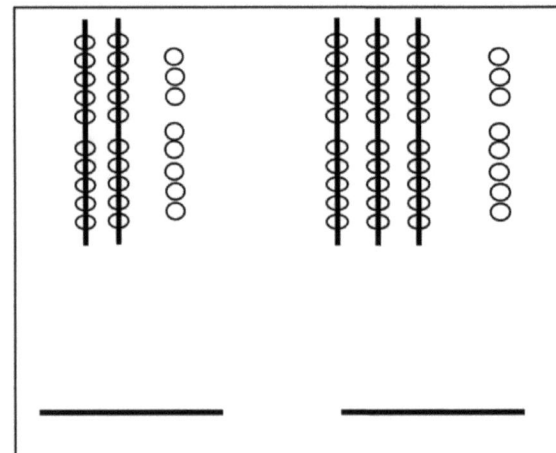

_____   _____

Entoure le nombre qui est le *plus petit* dans chaque paire.

8.
| 2 dizaines 7 unités   3 dizaines 7 unités |

9.
| 22   29 |

10. Écris la valeur, et entoure l'ensemble de pièces de monnaie qui a la *plus petite* valeur.

_____   _____

11. Katelyn et Johnny jouent à la comparaison avec les cartes. Ils ont inscrits les totaux de chaque partie. Pour chaque partie, entoure le total qui a gagné les cartes et écris l'énoncé. Le premier a été fait pour toi.

PARTIE 1 : Le total qui est le **plus grand** gagne.

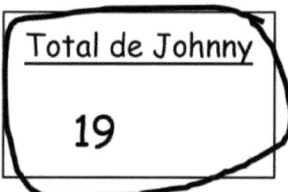

Total de Katelyn	Total de Johnny
16	19

19 est plus grand que 16.

a. PARTIE 2 : LE total qui est le **plus petit** gagne.

Total de Katelyn	Total de Johnny
27	24

_____

b. PARTIE 3 : Le total qui est le **plus grand** gagne.

Total de Katelyn	Total de Johnny
32	22

_____

c. PARTIE 4 : Le total qui est le **plus petit** gagne.

Total de Katelyn	Total de Johnny
29	26

_____

d. Si le total de Katelyn est 39 et le total de Johnny est de 3 dizaines 9 unités, qui aurait le plus grand total ? Crée un dessin mathématique pour expliquer comment tu le sais.

UNE HISTOIRE D'UNITÉS   Leçon 8 Aide aux devoirs   1•4

Banque de mots

1. Dessine les nombres en utilisant des dizaines rapides et des cercles. Utiliser les phrases de la banque de mots pour compléter les cadres de phrases et comparer les nombres.

| est plus grand que |
| est plus petit que |
| est égal à |

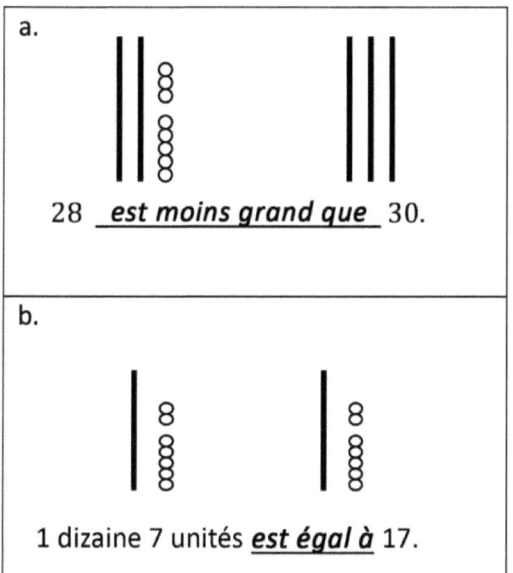

a.

28 *est moins grand que* 30.

Je regarde tout d'abord les chiffres de l'ordre des dizaines pour les comparer ! Bien qu'il y ait 8 unités dans 28, ça fait pourtant moins qu'une dizaine. Je lis de gauche à droite : 28 est moins grand que 30.

b.

1 dizaine 7 unités *est égal à* 17.

3 dizaines 3 unités est 33. Les deux nombres ont 3 dizaines, mais 3 unités est moins que 4 unités. Alors, 3 dizaines 3 unités est moins grand que 34.

2. Entoure les nombres qui sont *plus petits* que 34.

(29)   3 dizaines 5 unités   4 dizaines   (31)   (3 dizaines 3 unités)

3. Écris les nombres dans l'ordre du *plus grand* au *plus petit*.

	24	
12		
		40
	16	

Je lis les nombres de gauche à droite. 40 est plus grand que 24. 24 est plus grand que 16...

  40   24   16   12

Où le nombre 38 entrerait-il dans cet ordre? Utilise des mots ou réécris les nombres pour expliquer.

  40   38   24   16   12

J'ai mis 38 entre 40 et 24. 38 est moins grand que 40 et plus grand que 24. Regarde les dizaines : 4 dizaines, 3 dizaines, 2 dizaines !

Leçon 8 :   Comparer des quantités et des nombres de gauche à droite.

UNE HISTOIRE D'UNITÉS   Leçon 8 Devoirs   1•4

Nom _____   Date _____

1. Dessine les nombres en utilisant des dizaines rapides et des cercles. Utilise les phrases de la banque des mots pour compléter les cadres de phrases et comparer les nombres. Le premier a été fait pour toi.

Banque de mots
est plus grand que
est plus petit que
est égal à

a. 20 ‖ 30 ‖‖ 20 _est moins grand que_ 30	b. 14 22 14 _____ 22
c. 15 1 dizaine 5 unités 15 _____ 1 dizaine 5 unités	d. 39 29 39 _____ 29
e. 31 13 31 _____ 13	f. 23 33 23 _____ 33

2. Entoure les nombres qui sont *plus grands* que 28.

   32   29   2 dizaines 8 unités   4 unités   18

3. Entoure les nombres qui sont *plus petits* que 31.

   29   3 dizaines 6 unités   3 dizaines   13   3 dizaines 9 unités

Leçon 8 :   Comparer des quantités et des nombres de gauche à droite.   35

Copyright © Great Minds PBC

4. Écris les nombres dans l'ordre du *plus petit* au *plus grand*.

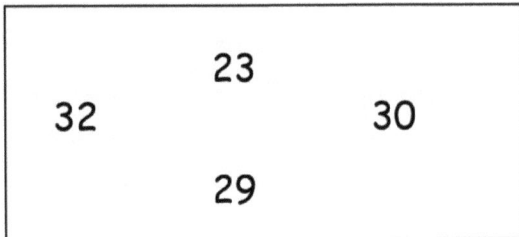

_____ _____ _____ _____

Où entrerait le nombre 27 dans cet ordre. Utilise des mots ou réécris les nombres pour expliquer.

5. Écris les nombres dans l'ordre du *plus grand* au *plus petit*.

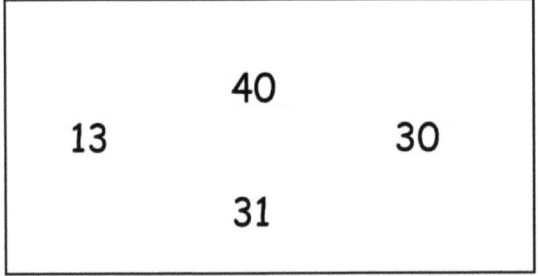

_____ _____ _____ _____

Où entrerait le nombre 23 dans cet ordre? Utilise des mots ou réécris les nombres pour expliquer.

6. Utilise les chiffres 9, 4, 3 et 2 pour faire 4 nombres à deux chiffres différents plus petits que 40. Écris-les dans l'ordre du *plus petit* au *plus grand*.

| 9 | 3 | 4 | 2 |

Exemples : 34, 29,...

UNE HISTOIRE D'UNITÉS — Leçon 9 Aide aux devoirs — 1•4

1. Écris les nombres dans les blancs pour que l'alligator mange le plus grand nombre. Lis la phrase numérique, en utilisant *est plus petit que, est plus grand que,* ou *est égal à.* Rappelle-toi de commencer par le nombre à gauche.

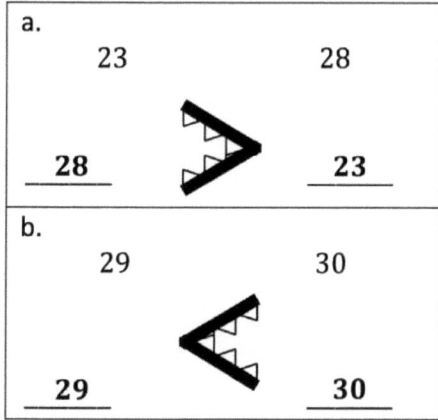

Je pense à commencer par le nombre à gauche. Alors 28 est plus grand que 23. Je sais parce que 2 dizaines 8 unités est plus grand que 2 dizaines 3 unités.

29 est moins que 30. 30 est 3 dizaines ! L'alligator veut manger le plus grand nombre !

2. Complète les tableaux pour que l'alligator mange un nombre *plus grand*.

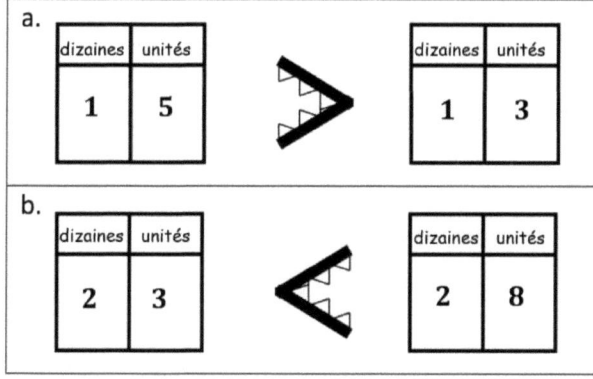

Je lis la phrase numérique comme « 15 est plus grand que 13 ». Les deux nombres ont 1 dizaine, mais 5 unités est plus grand que 3 unités, alors l'alligator mange les 15.

J'écris 8 dans la place des unités, alors l'alligator mange les 28. Je peux lire la phrase numérique comme « 23 est moins grand que 28 ». Je pourrais aussi écrire 4, 5, 6, 7, 8 ou 9 unités !

Leçon 9 : Utiliser les signes >, =, et < pour comparer des quantités et des nombres.

3. Compare chaque ensemble de nombres en reliant le bon alligator ou phrase pour créer une phrase numérique correcte. Vérifie ton travail en lisant la phrase de gauche à droite.

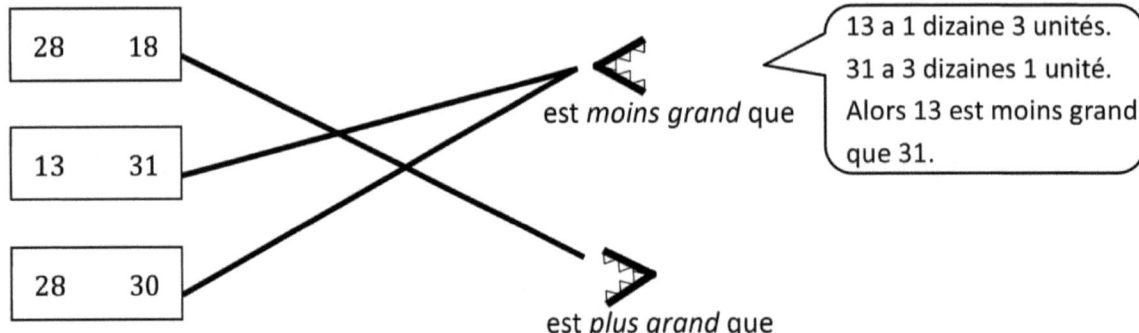

UNE HISTOIRE D'UNITÉS

Leçon 9 Devoirs 1•4

Nom _____   Date _____

1. Écris les nombres dans les blancs pour que l'alligator mange le plus grand nombre. Lis la phrase numérique en utilisant *est plus grand que*, *est plus petit que* ou *est égal à*. Rappelle-toi de commencer par le nombre à gauche.

a.
10   20

___ > ___

b.
15   17

___ < ___

c.
24   22

___ > ___

d.
29   30

___ > ___

e.
39   38

___ < ___

f.
39   40

___ < ___

2. Complète les tableaux pour que l'alligator mange un nombre *plus grand*.

a. | dizaines | unités | > | dizaines | unités |
   | 1 | 8 | | 1 | |

b. | dizaines | unités | < | dizaines | unités |
   | 2 | 4 | | | 3 |

c. | dizaines | unités | > | dizaines | unités |
   | | | | | |

d. | dizaines | unités | > | dizaines | unités |
   | 2 | 3 | | 2 | |

e. | dizaines | unités | < | dizaines | unités |
   | | | | | |

f. | dizaines | unités | > | dizaines | unités |
   | 1 | 7 | | | 7 |

Leçon 9 : Utiliser les signes >, =, et < pour comparer des quantités et des nombres.

| UNE HISTOIRE D'UNITÉS | Leçon 9 Devoirs | 1•4 |

Compare chaque ensemble de nombres en reliant le bon alligator ou phrase pour créer une phrase numérique correcte. Vérifie ton travail en lisant la phrase de gauche à droite.

3.

| 16   17 |

| 31   23 |

| 35   25 |

est *moins grand que*

| 12   21 |

| 22   32 |

>

est *plus grand que*

| 29   30 |

| 39   40 |

Leçon 9 : Utiliser les signes >, =, et < pour comparer des quantités et des nombres.

UNE HISTOIRE D'UNITÉS

Leçon 10 Aide aux devoirs 1•4

Utilise les signes pour comparer les nombres. Remplis le blanc avec <,> ou = pour créer une phrase numérique correcte. Complète la phrase numérique avec un groupe de mots venant de la banque de mots.

Banque de mots
est plus grand que
est moins grand que
est égal à

a.
21 (>) 12

21 _est plus grand que_ 12.

Les deux nombres ont les mêmes chiffres, mais en différentes places. Ça veut dire qu'ils on une valeur différente. 2 dizaines 1 unité est plus grand que 1 dizaine 2 unités !

b.
3 dizaines (<) 32

3 dizaines _est moins grand que_ 32.

Je mets le symbole « moins grand que » entre 3 dizaines et 32. 3 dizaines est 30. Le plus petit bout pointe vers le plus petit nombre !

c.
2 dizaines 8 unités (<) 29

2 dizaines _est moins grand que_ 8 unités 29.

Il y a plus d'unités dans 29 que dans 2 dizaines 8 unités, soit 28. Le symbole est ouvert du côté où l'alligator aime manger ! Mais je le lis pourtant de gauche à droite !

d.
19 (=) 1 dizaine 9 unités.

19 _est égal à_ 1 dizaine 9 unités.

Leçon 10 : Utiliser les signes >, =, et < pour comparer des quantités et des nombres.

Nom _____ Date _____

Utilise les signes pour comparer les nombres. Remplis le blanc avec <,> ou = pour créer une phrase numérique correcte. Complète la phrase numérique avec un groupe de mots venant de la banque de mots.

Banque de mots

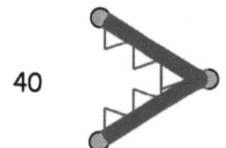

40 (>) 20
40 est plus grand que 20.

18 (<) 20
18 est plus petit que 20.

Banque de mots
est plus grand que
est plus petit que
est égal à

a. 17 ◯ 13

17 _____ 13

b. 23 ◯ 33

23 _____ 33

c. 36 ◯ 36

36 _____ 36

d. 25 ◯ 32

25 _____ 32

e. 38 ◯ 28

38 _____ 28

f. 32 ◯ 23

32 _____ 23

UNE HISTOIRE D'UNITÉS — Leçon 10 Devoirs 1•4

g.
1 dizaine 5 unités ◯ 14

1 dizaine 5 unités _____ 14

h.
3 dizaines ◯ 30

3 dizaines _____ 30

i.
29 ◯ 2 dizaines 7 unités

29 _____ 2 dizaines 7 unités

j.
19 ◯ 2 dizaines 3 unités

19 _____ 2 dizaines 3 unités

k.
3 dizaines 1 unité ◯ 13

3 dizaines 1 unité _____ 13

l.
35 ◯ 3 dizaines 5 unités

35 _____ 3 dizaines 5 unités

m.
2 dizaines 3 unités ◯ 32

2 dizaines 3 unités _____ 32

n.
3 dizaines ◯ 36

3 dizaines _____ 36

o.
29 ◯ 3 dizaines 9 unités

29 _____ 3 dizaines 9 unités

p.
4 dizaines ◯ 39

4 dizaines _____ 39

Leçon 10 : Utiliser les signes >, =, et < pour comparer des quantités et des nombres.

Leçon 11 Aide aux devoirs 1•4

Dessine une liaison numérique et complète les phrases numériques pour faire correspondre avec les images.

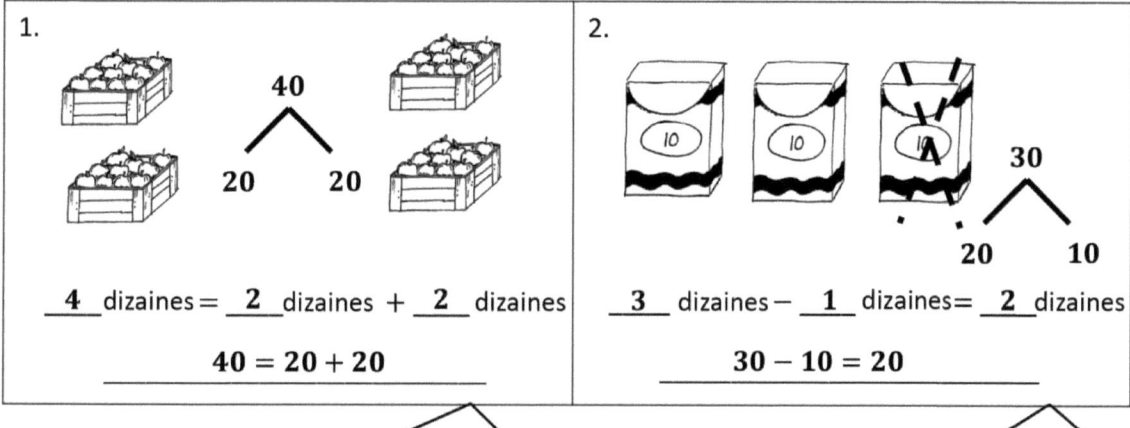

1.
__4__ dizaines = __2__ dizaines + __2__ dizaines
40 = 20 + 20

Je peux dire la phrase de nombres avec des unités de valeur de place, donc 4 dizaines = 2 dizaines + 2 dizaines. C'est la façon des unités. Ou je peux simplement écrire les chiffres de la manière habituelle, donc 40 = 20 + 20.

2.
__3__ dizaines − __1__ dizaines = __2__ dizaines
30 − 10 = 20

Le lien numérique montre 3 dizaines en haut avec 2 dizaines et 1 dizaine comme parties. Le X indique que j'enlève 1 dix. Les phrases de soustraction correspondent.

Dessine des dizaines rapides et une liaison numérique pour t'aider à résoudre les phrases numériques.

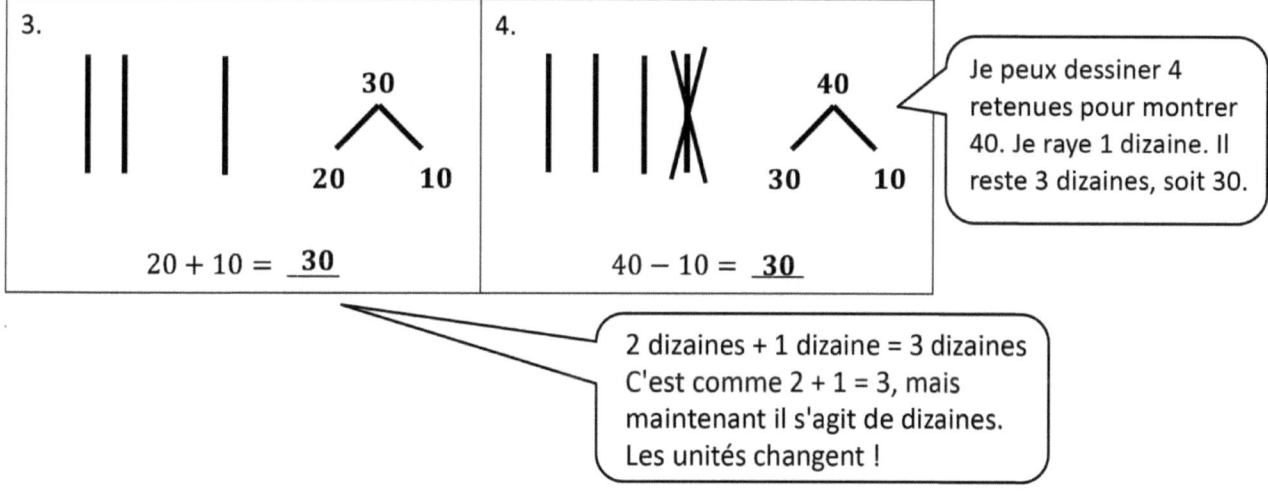

3.
20 + 10 = __30__

4.
40 − 10 = __30__

Je peux dessiner 4 retenues pour montrer 40. Je raye 1 dizaine. Il reste 3 dizaines, soit 30.

2 dizaines + 1 dizaine = 3 dizaines
C'est comme 2 + 1 = 3, mais maintenant il s'agit de dizaines. Les unités changent !

Leçon 11 : Additionner et soustraire des dizaines d'un multiple de 10.

UNE HISTOIRE D'UNITÉS   Leçon 11 Aide aux devoirs   1•4

Ajoute ou soustrais.

5. 4 dizaines − 3 dizaines = **1 *dizaine***

6. **40** = 10 + 30

> Je peux utiliser un problème plus simple, 4 = 1 + 3, pour m'aider à le résoudre.

7. 20 − 20 = **0**

Nom _____   Date _____

Dessine une liaison numérique et complète les phrases numériques pour correspondre avec les images.

1.
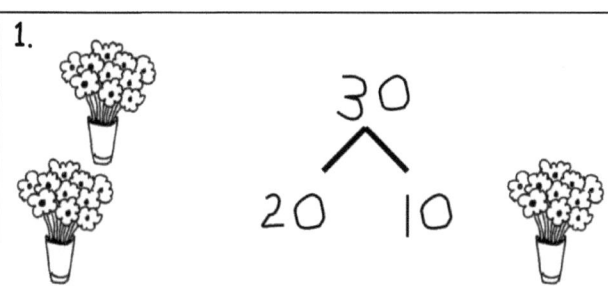

__2__ dizaines + __1__ dix = __3__ dizaines

20 + 10 = 30

2.

____ dizaines = ____ dizaine + ____ dizaines

_____

3.
 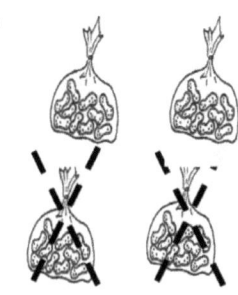

____ dizaines - ____ dizaine = ____ dizaines

_____

4.

____ dizaines - ____ dizaines = ____ dizaines

_____

5.
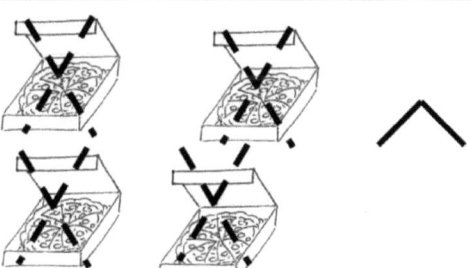

____ dizaines - ____ dizaines = ____ dizaines

_____

6.
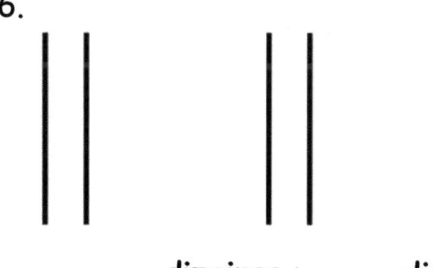

____ dizaines + ____ dizaines = ____ dizaines

_____

Dessine des dizaines rapides et une liaison numérique pour t'aider à résoudre les phrases numériques.

7. 10 + 20 = _____	8. 30 − 10 = _____
9. 20 − 10 = _____	10. 30 + 10 = _____

Ajoute ou soustrais.

11. 2 dizaines + 1 dizaine = _____

12. 20 + 20 = _____

13. 40 − 10 = _____

14. _____ = 20 + 10

15. 3 dizaines − 2 dizaines = _____

16. 20 − 10 = _____

17. 10 − 10 = _____

18. _____ = 30 + 10

19. 40 − 30 = _____

1. Remplis les nombres manquants pour faire correspondre avec l'image. Écris la liaison numérique correspondante.

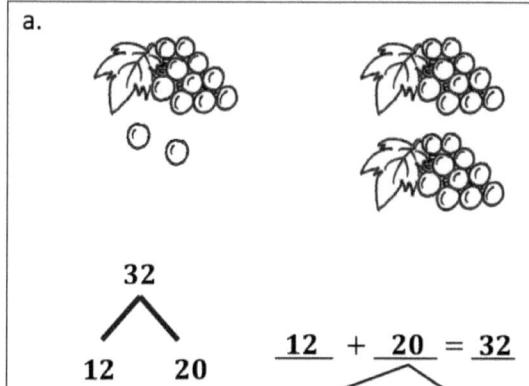
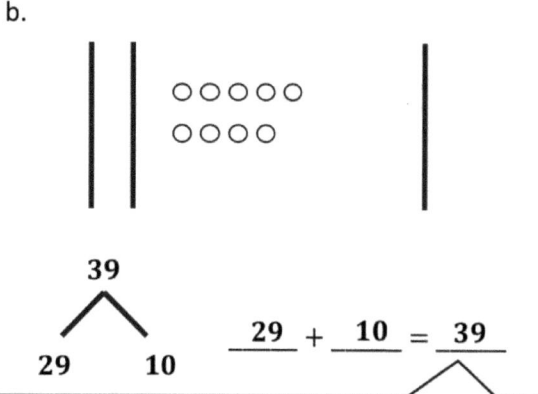

1 dizaine 2 unités + 2 dizaines = 3 dizaines 2 unités. Le chiffre dans la colonne des dizaines change parce que j'ajoute 2 dizaines. Les unités restent les même.

1 dizaine plus 2 dizaines = 3 dizaines. C'est pour ça qu'il y a un 3 en place des dizaines. Il reste encore 9 unités

2. Dessine en utilisant des dizaines et unités rapides. Complète la liaison numérique et la phrase numérique.

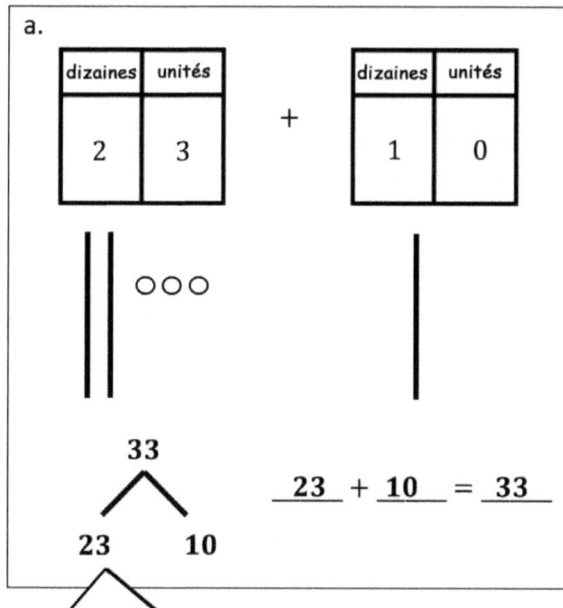
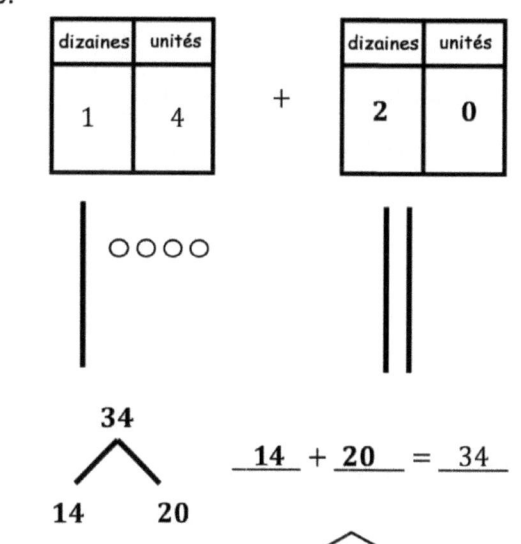

La liaison numérique montre comment je change 23 pour faire 33. J'ajoute une dizaine

Si 34 est le tout et 14 une partie, je peux ajouter 2 dizaines pour faire 34. 2 dizaines égalent 20. 14 plus 20 égale 34.

Leçon 12 : Ajouter des dizaines à un nombre à deux chiffres.

3. Utilise une flèche de notation pour résoudre.

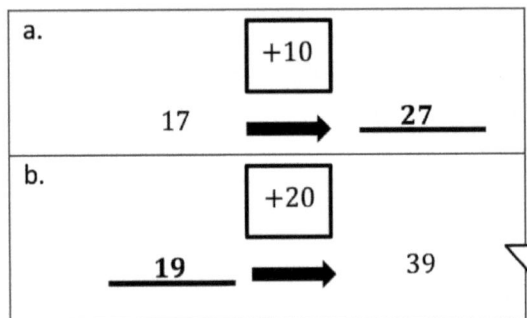

a. 17 →(+10)→ __27__

b. __19__ →(+20)→ 39

Je peux me dire : quel chiffre plus 2 dizaines me donnera 3 dizaines 9 ? 1 dizaine 9 unités plus 2 dizaines égale 3 dizaines 9 unités ! Donc, 19 est la bonne réponse.

4. Utilise les "dimes" (pièces de 10 centimes) et les pennies pour compléter les tableaux de valeur de position.

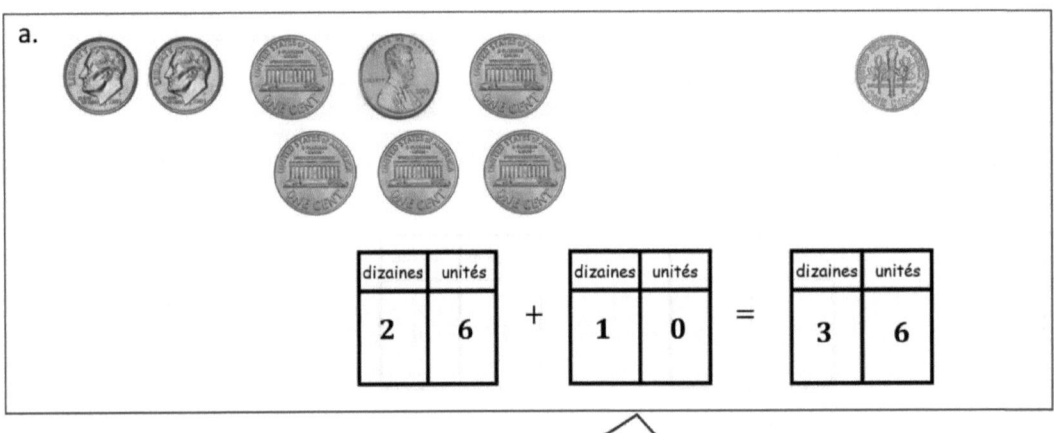

a.

dizaines	unités
2	6

+

dizaines	unités
1	0

=

dizaines	unités
3	6

2 pièces de 10 cents et 6 pennies font 2 dizaines de 6. Quand j'ajoute 1 pièces de 10 centimes, j'ajoute 1 dix. Maintenant, il y a 3 dizaines en tout. La phrase numérique est 26 + 10 = 36.

Leçon 12 : Ajouter des dizaines à un nombre à deux chiffres.

UNE HISTOIRE D'UNITÉS   Leçon 12 Aide aux devoirs 1•4

Nom _____   Date _____

Remplis les nombres manquants pour faire correspondre avec l'image. Complète la liaison numérique qui correspond.

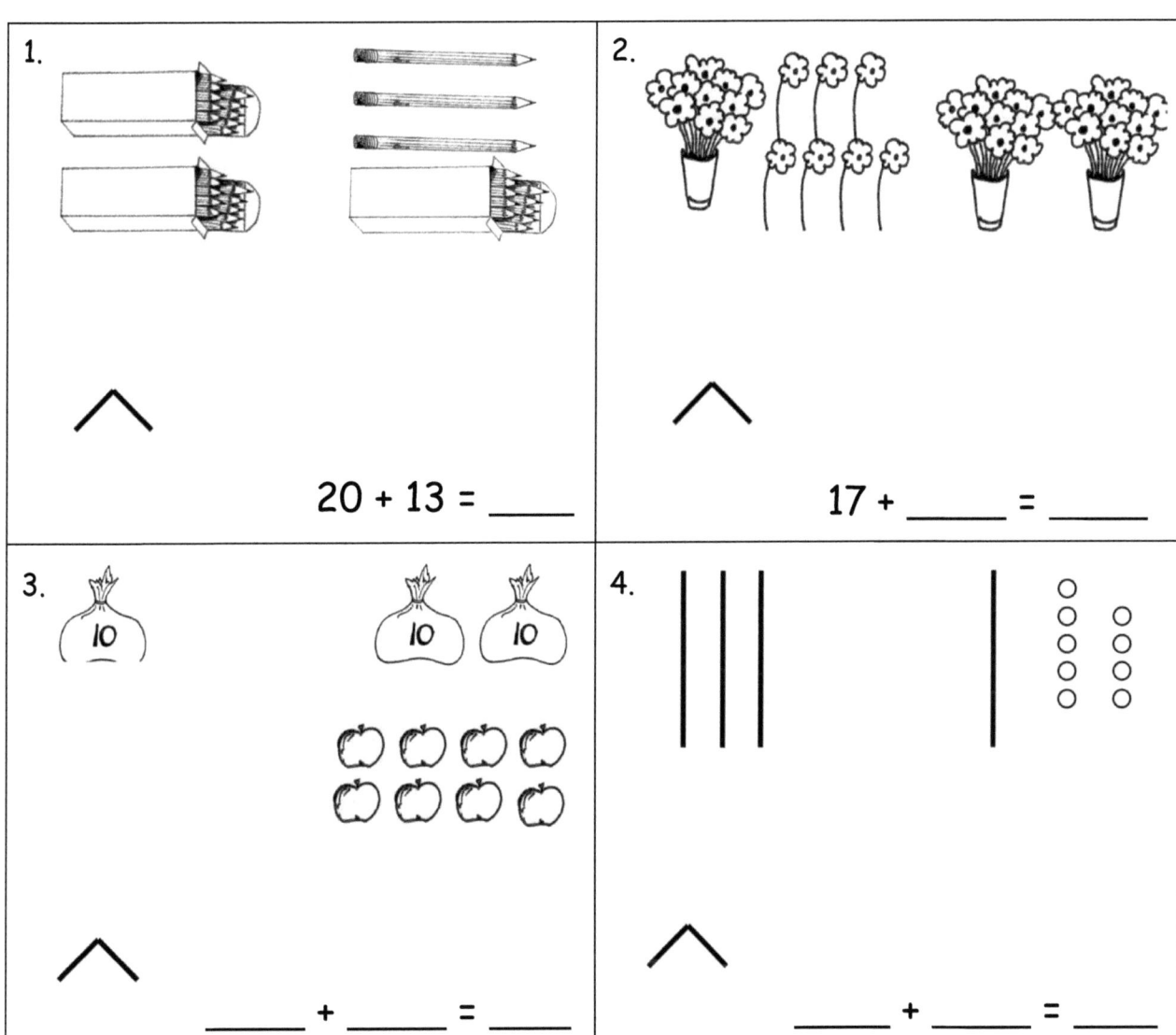

Leçon 12 : Ajouter des dizaines à un nombre à deux chiffres.

Dessine en utilisant des dizaines et des unités rapides. Complète la liaison numérique et la phrase numérique.

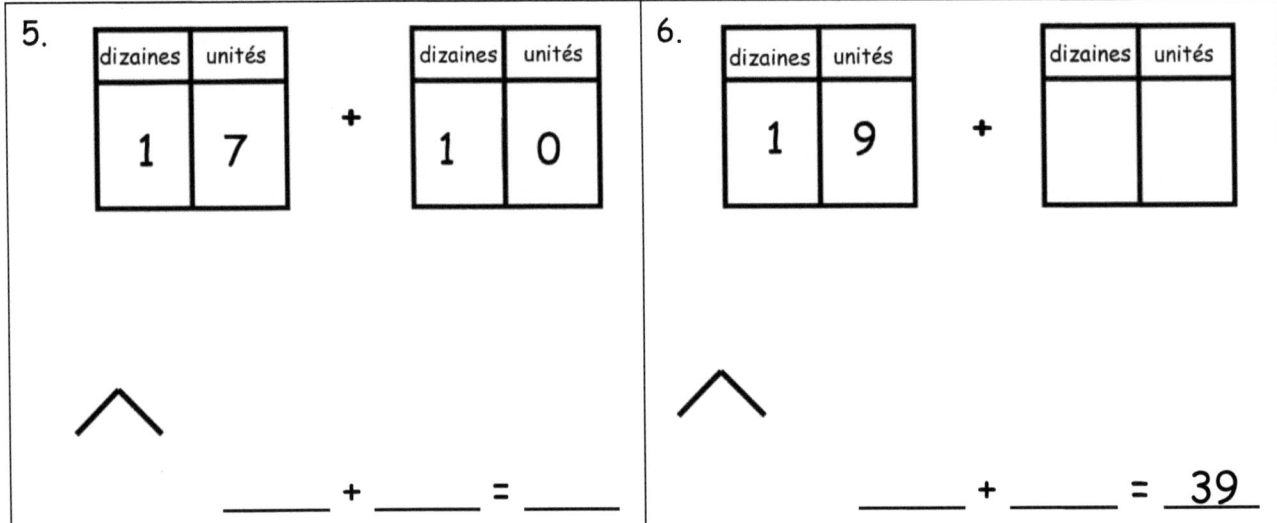

Utilise une flèche de notation pour résoudre.

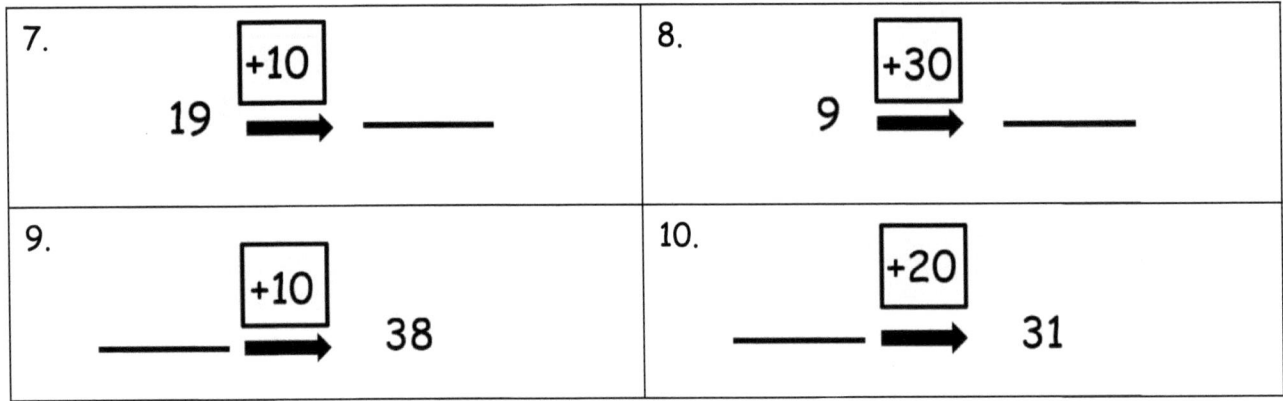

Utilise les pièces de 10 centimes et les pennies pour compléter les tableaux de valeur de position.

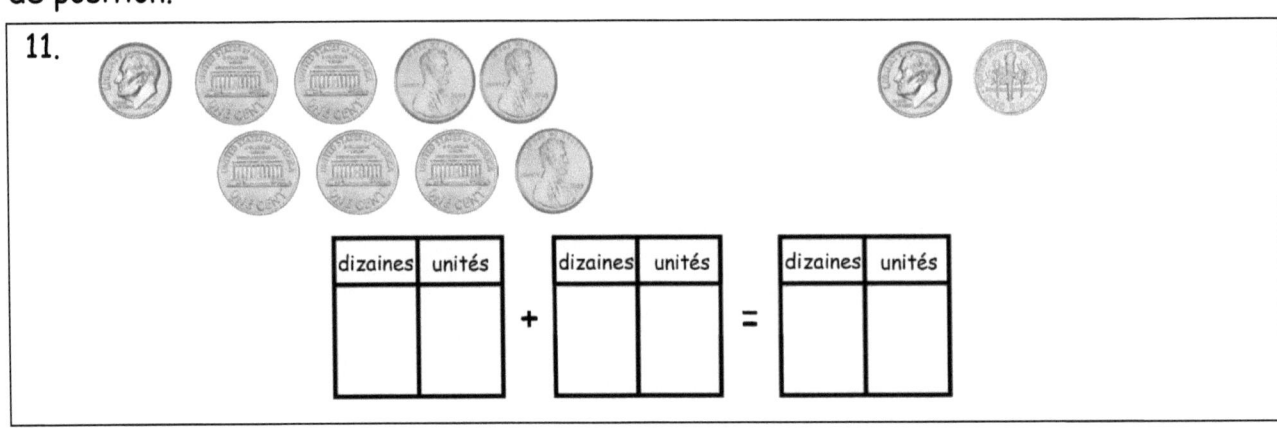

UNE HISTOIRE D'UNITÉS   Leçon 13 Aide aux devoirs   1•4

1. Utilise des dizaines et des unités rapides pour compléter le tableau de valeur de position et la phrase numérique.

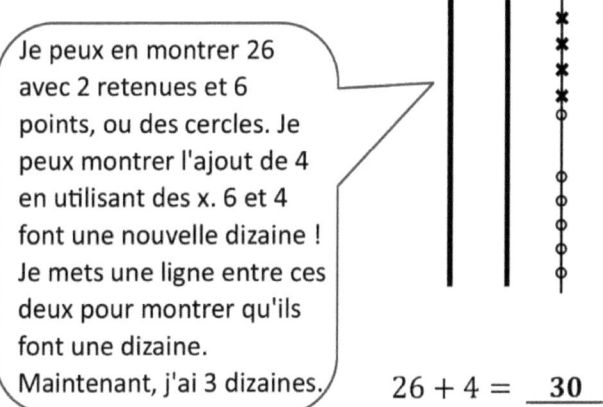

Je peux en montrer 26 avec 2 retenues et 6 points, ou des cercles. Je peux montrer l'ajout de 4 en utilisant des x. 6 et 4 font une nouvelle dizaine ! Je mets une ligne entre ces deux pour montrer qu'ils font une dizaine. Maintenant, j'ai 3 dizaines.

dizaines	unités
3	0

$26 + 4 = \underline{30}$

2. Dessine des dizaines, des unités rapides et des liaisons numériques pour résoudre. Complète le tableau de valeur de position.

$25 + 5 = \underline{30}$

20   5

dizaines	unités
3	0

25 est composé de 20 et de 5. Je peux ajouter 5 et 5 pour faire 10. Ainsi, je sais que 20 + 10 = 30. Il y a 3 dizaines.

3. Résous. Tu peux dessiner des dizaines, des unités rapides et des liaisons numériques pour te rendre les choses faciles.

$37 + 3 = \underline{40}$

Je l'ai fait dans ma tête. 3 plus 37, c'est 40. Je passe à la dizaine suivante quand j'ajoute 3 à 37.

Leçon 13 : Utiliser le comptage et la stratégie pour faire dix lors de l'addition dans une dizaine.

Nom _____   Date _____

Utilise des dizaines et des unités rapides pour compléter le tableau de valeur de position et la phrase numérique.

1.

dizaines	unités

21 + 4 = _____

2.

dizaines	unités

21 + 8 = _____

3.

dizaines	unités

25 + 4 = _____

4.

dizaines	unités

25 + 5 = _____

5.

dizaines	unités

33 + 3 = _____

6.

dizaines	unités

33 + 7 = _____

UNE HISTOIRE D'UNITÉS — Leçon 13 Devoirs 1•4

Dessine des dizaines, des unités rapides et des liaisons numériques pour résoudre. Complète le tableau de valeur de position.

7. 26 + 2 = _____ | dizaines | unités |

8. 36 + 3 = _____ | dizaines | unités |

9. 26 + 4 = _____ | dizaines | unités |

10. 24 + 6 = _____ | dizaines | unités |

11. Résous. Tu peux dessiner des dizaines, des unités rapides et des liaisons numériques pour te rendre les choses faciles.

   a. 22 + 7 = _____   b. 22 + 8 = _____   c. 32 + 8 = _____

UNE HISTOIRE D'UNITÉS   Leçon 14 Aide aux devoirs   1•4

1. Utilise les images ou dessine des dizaines et des unités rapides. Complète la phrase numérique et le tableau de valeur de position.

> Je peux utiliser 2 retenues et 9 points, ou des cercles, pour faire 29. Il ne m'en faut qu'une unité de plus pour arriver à la dizaine supérieure. Lorsque j'ajoute 5, le premier x fait une nouvelle dizaine. Je commence une nouvelle colonne et je dessine 4 x supplémentaires. Je trace une ligne pour relier les nouvelles dizaines que j'ai faites. Maintenant, je peux facilement voir que j'ai 3 dizaines et 4 unités.

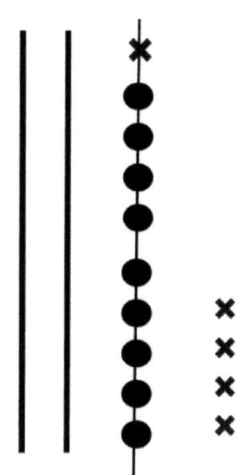

dizaines	unités
3	4

$29 + 5 = \underline{\ 34\ }$

2. Crée une liaison numérique pour résoudre. Expose ta réflexion avec les phrases numériques ou la direction de la flèche. Complète le tableau de valeur de position.

$18 + 5 = \underline{\ 23\ }$

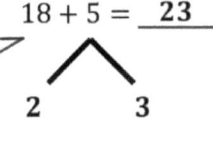

> Il me faut 2 unités de plus pour passer de 18 à 20. Je peux séparer 5 en 2 et 3. 18 + 2 = 20. Ensuite 20 + 3 = 23.

dizaines	unités
2	3

> Voici mes phrases de chiffres pour montrer mon raisonnement.

$18 + 2 = 20$
$20 + 3 = 23$

$18 \xrightarrow{+2} 20 \xrightarrow{+3} 23$

> Je peux aussi utiliser la flèche pour montrer ma façon de penser ! Je commence à 18 J'ajoute 2 pour arriver à 20. Ensuite, j'ajoute 3 pour arriver à 23.

Leçon 14 : Utiliser le comptage et la stratégie pour faire dix lors de l'addition dans une dizaine.

Nom _____ Date _____

Utilise les images ou dessine des dizaines et des unités rapides. Complète la phrase numérique et le tableau de valeur de position.

1. 15 + 3 = _____

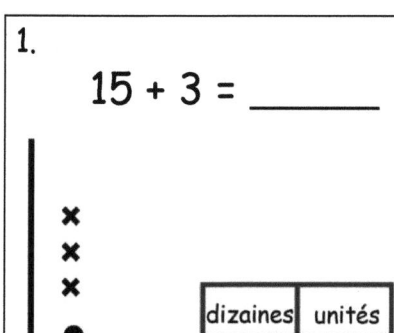

2. 15 + 5 = _____

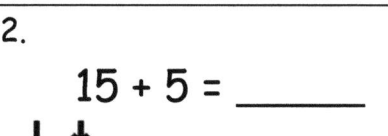

3. 15 + 6 = _____

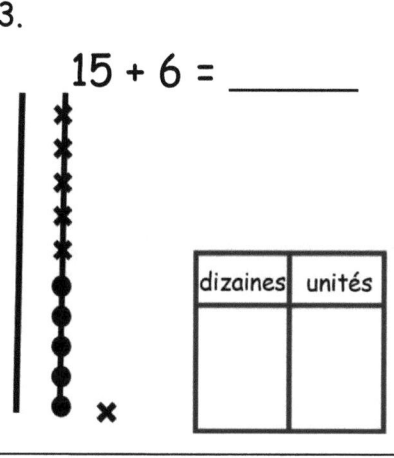

4. 28 + 2 = _____

dizaines	unités

5. 28 + 4 = _____

dizaines	unités

6. 28 + 7 = _____

dizaines	unités

7. 17 + 3 = _____

dizaines	unités

8. 17 + 7 = _____

dizaines	unités

9. 27 + 7 = _____

dizaines	unités

Crée une liaison numérique pour résoudre. Expose ta réflexion avec les phrases numériques ou la direction de la flèche. Complète le tableau de valeur de position.

10. $13 + 6 =$ _____ | dizaines | unités |

11. $13 + 7 =$ _____ | dizaines | unités |

12. $25 + 5 =$ _____ | dizaines | unités |

13. $25 + 8 =$ _____ | dizaines | unités |

14. $24 + 8 =$ _____ | dizaines | unités |

15. $23 + 9 =$ _____ | dizaines | unités |

1. Résous les problèmes.

$9 + 5 = \underline{14}$

> 9 plus 5 égale 14. Celle-là est facile.

$19 + 5 = \underline{24}$

> 19 plus 5, c'est 10 de plus. Ça fait 24.

$29 + 5 = \underline{34}$

> 29 plus 5, c'est encore dix. Ça fait 34.

2. Utilise la première phrase numérique dans chaque ensemble pour t'aider à résoudre les problèmes.

   a. $3 + 8 = \underline{11}$
   b. $13 + 8 = \underline{21}$
   c. $23 + 8 = \underline{31}$

3. Résous les problèmes. Montre la phrase d'addition à 1 chiffre qui t'a aidé à résoudre.

$18 + 4 = \underline{22}$ $\underline{8 + 4 = 12}$

> Je peux utiliser 8 + 4 pour m'aider à résoudre 18 + 4. Je sais que 8 + 4 = 12. 18 + 4 a 1 dizaine de plus. Ça fait 22.

Nom _____ Date _____

Résous les problèmes.

1. 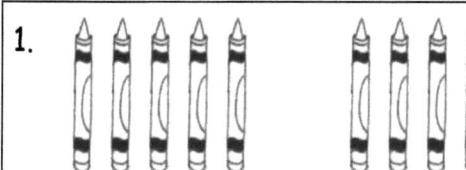 5 + 4 = ____

2. 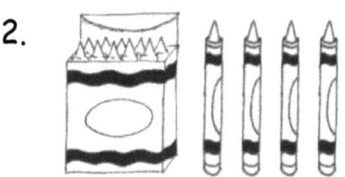 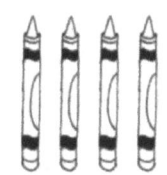 15 + 4 = ____

3. 25 + 4 = ____

4. 35 + 4 = ____

5.   8 + 4 = ____

6. 18 + 4 = ____

7.  28 + 4 = ____

Leçon 15 : Utiliser des sommes de chiffres uniques pour soutenir les solutions de sommes analogues jusqu'à 40.

Utilise la première phrase numérique dans chaque ensemble pour t'aider à resoudre les problèmes.

8.	9.
a. 5 + 2 = _____	a. 5 + 5 = _____
b. 15 + 2 = _____	b. 15 + 5 = _____
c. 25 + 2 = _____	c. 25 + 5 = _____
d. 35 + 2 = _____	d. 35 + 5 = _____
10.	11.
a. 2 + 7 = _____	a. 7 + 4 = _____
b. 12 + 7 = _____	b. 17 + 4 = _____
c. 22 + 7 = _____	c. 27 + 4 = _____
12.	13.
a. 8 + 7 = _____	a. 3 + 9 = _____
b. 18 + 7 = _____	b. 13 + 9 = _____
c. 28 + 7 = _____	c. 23 + 9 = _____

Résous les problèmes. Montre la phrase d'addition à 1 chiffre qui t'a aidé à résoudre.

14. 24 + 5 = _____   _____

15. 24 + 7 = _____   _____

UNE HISTOIRE D'UNITÉS
Leçon 16 Aide aux devoirs 1•4

1. Dessine des dizaines et des unités rapides pour t'aider à résoudre les problèmes d'addition.

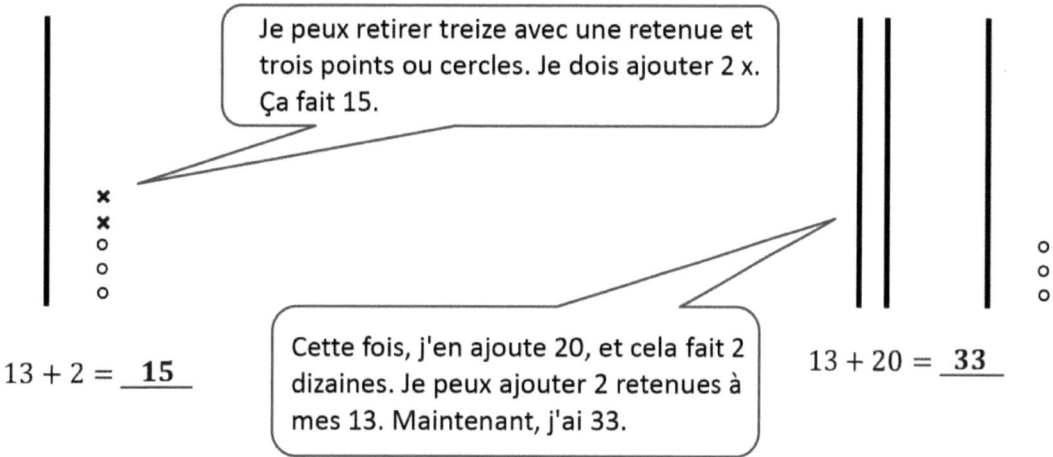

2. Crée une liaison numérique ou utilise la direction de la flèche pour résoudre les problèmes d'addition.

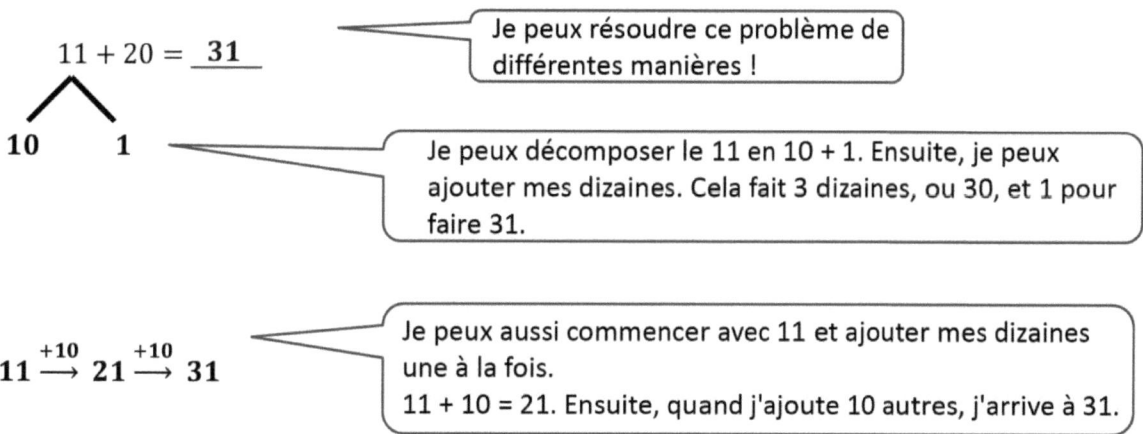

Leçon 16 : Additionner des unités et des unités ou des dizaines et des dizaines.

UNE HISTOIRE D'UNITÉS   Leçon 16 Devoirs 1•4

Nom _____   Date _____

Dessine des dizaines et des unités rapides pour t'aider à résoudre les problèmes d'addition.

| 1. 17 + 2 = _____ | 2. 17 + 3 = _____ |
| 3. 14 + 3 = _____ | 4. 24 + 10 = _____ |

Crée une liaison numérique ou utilise la direction de la flèche pour résoudre les problèmes d'addition.

| 5. 6 + 24 = _____ | 6. 14 + 20 = _____ |

Leçon 16 : Additionner des unités et des unités ou des dizaines et des dizaines.

7. Résous chaque phrase d'addition et relie.

a.

22 + 1 = _____

b.

13 + 6 = _____

c.

3 + 26 = _____

d.

37 + 3 = _____

$$26 \xrightarrow{+3} 29$$

e.

22 + 10 = _____

13 + 6

10   3

1. Utilise des dessins de dizaines rapides ou des liaisons numériques pour en faire des phrases numériques correctes.

   a. $13 + 10 =$ __23__

   b. $25 + 5 =$ __30__

   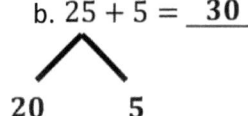

   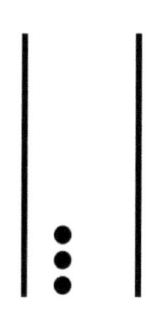

   $5 + 5 = 10$

   $10 + 20 = 30$

   > Je peux en tirer 13, puis ajouter une retenue. Je compte ce que j'ai maintenant : 10, 20, ..., 23.

   > Je peux diviser 25 en 20 + 5. J'ajoute 5 et 5 pour arriver à la dizaine suivante. La dizaine suivante est 30.

2. Comment as-tu résolu le Problème 1(a)? Pourquoi as-tu choisi de le résoudre de la sorte?

   J'ai choisi d'utiliser un dessin de dizaine rapide parce que j'ai dû dessiner 1 en plus. C'était une manière rapide de montrer $13 + 10 = 23$.

3 Comment as-tu résolu le Problème 1(b)? Pourquoi as-tu choisi de le résoudre de la sorte?

   J'ai utilisé une liaison numérique parce que j'ai voulu voir les parties que j'avais. Quand j'ai séparé 25 en 20 et 5, j'ai constaté que je pouvais additionner 5 et 5 pour faire une nouvelle dizaine.

UNE HISTOIRE D'UNITÉS

Leçon 17 Devoirs 1•4

Nom _____   Date _____

Utilise des dessins de dizaines rapides ou des liaisons numériques pour faire des phrases numériques correctes.

1. 13 + 20 = _____	2. 23 + 6 = _____
3. 10 + 23 = _____	4. 28 + 6 = _____
5. 26 + 7 = _____	6. 20 + 17 = _____

7. Comment as-tu résolu le Problème 5? Pourquoi as-tu choisi de le résoudre de la sorte?

Leçon 17 : Additionner des unités et des unités ou des dizaines et des dizaines.

Résous en utilisant des dessins de dizaines rapides ou des liaisons numériques.

8. 23 + 9 = _____	9. 27 + 7 = _____
10. 24 + 10 = _____	11. 20 + 18 = _____
12. 28 + 9 = _____	13. 29 + 9 = _____

14. Comment as-tu résolu le Problème 11? Pourquoi as-tu choisi de le résoudre de la sorte?

UNE HISTOIRE D'UNITÉS   Leçon 18 Aide aux devoirs   1•4

1. Deux élèves ont tous les deux résolu le problème d'addition ci-dessous en utilisant des méthodes différentes. Les deux ont-ils raison? Pourquoi ou pourquoi pas?

   $28 + 5 = \underline{\ 33\ }$ $28 + 5 = \underline{\ 33\ }$
   $28 \xrightarrow{+2} 30 \xrightarrow{+3} 33$
                                                    $\diagdown\ \diagup$
                                                    $2\quad 3$

   Cet élève a utilisé la méthode des flèches pour obtenir la réponse. Il en a utilisé 2 pour arriver à 30, puis en a ajouté 3 autres pour arriver à 33. Cela signifie qu'il en a ajouté 5 au total pour arriver à 33. C'est correct.

   Cette élève a décomposé 5 pour arriver à la prochaine dizaine. Elle avait besoin de 2 pour arriver à 30. Puis elle a ajouté le reste et elle est arrivé à 33. C'est correct.

   Ils ont tous les deux raison. 28 plus 5 égale 33. Le premier élève a utilisé la direction de la flèche pour montrer son raisonnement. Cet élève a ajouté 2 pour arriver à 30 et ensuite a ajouté 3 en plus puisqu'il devait ajouter 5 en tout. La seconde élève a utilisé une liaison numérique pour montrer comment elle est arrivée à 33.

2. Deux autres élèves ont résolu le même problème, montré ci-dessous, en utilisant des dizaines rapides. Les deux ont-ils raison? Pourquoi ou pourquoi pas?

   $16 + 2 = \underline{\ 18\ }$ 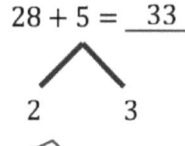 $16 + 2 = \underline{\ 36\ }$

   Je sais déjà que 16 + 2 = 18. Quand je regarde le dessin, il correspond à la phrase du chiffre.

   Cela ne semble pas correct. Laissez-moi voir. Il y a trop de retenues. je sais! Cet élève a ajouté 2 dizaines au lieu de 2 unités !

   Le premier élève a raison. Le second élève à tort. Le second élève a ajouté des dizaines rapides au lieu d'unités. Il en a de trop.

   Leçon 18 : Partager et commenter les stratégies de ses camarades pour l'addition de nombres à deux chiffres.

   73

3. Entoure tout travail d'élève qui est correct.

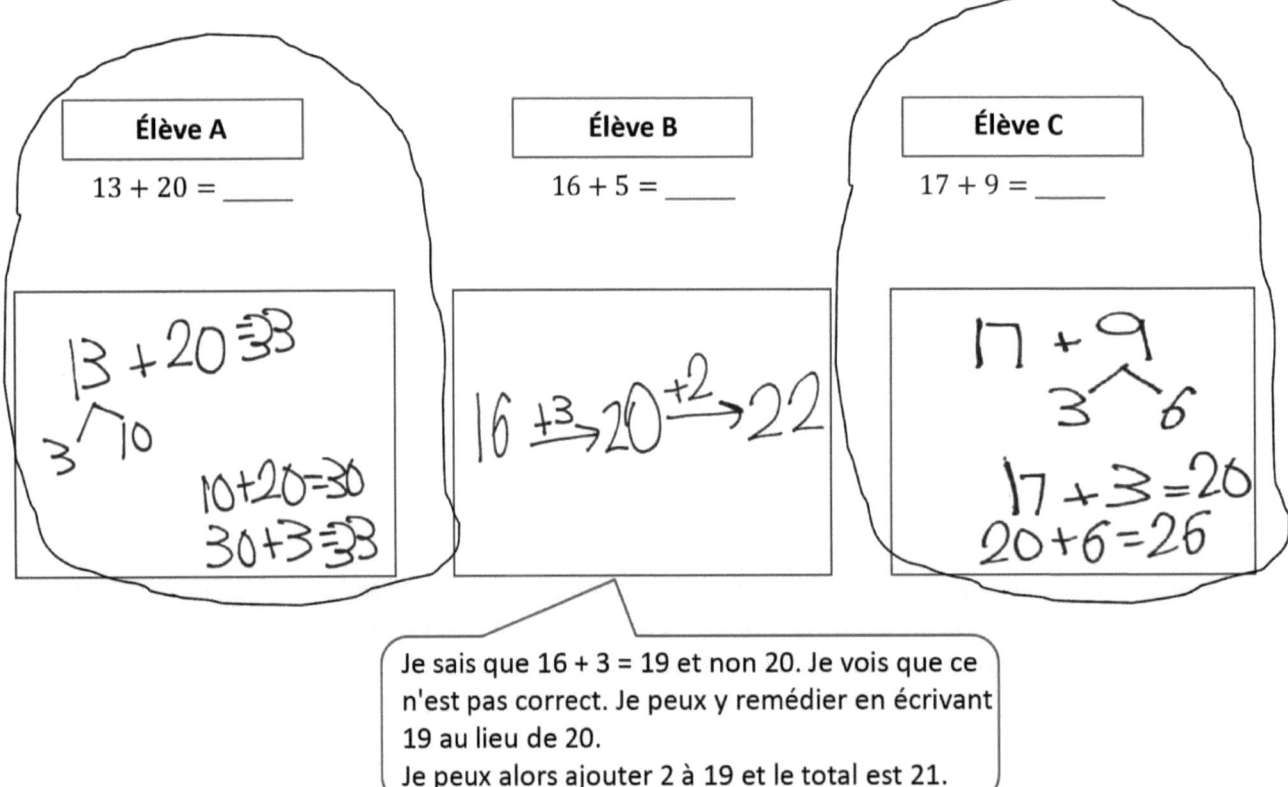

Corrige le travail d'élève qui est incorrect en créant un nouveau dessin ou des dessins dans l'espace ci-dessous.

$$16 \xrightarrow{+3} 19 \xrightarrow{+2} 21$$

Choisis un travail correct d'élève et donne une suggestion pour l'améliorer.

Le problème de l'élève A peut être résolu sans décomposer 13. Je peux simplement ajouter 2 dizaines à 13. Je calcule cela par coeur et j'obtiens la réponse 33.

Nom _____ Date _____

1. Deux élèves ont tous les deux résolu le problème d'addition ci-dessous en utilisant des méthodes différentes.

$$18 + 9$$

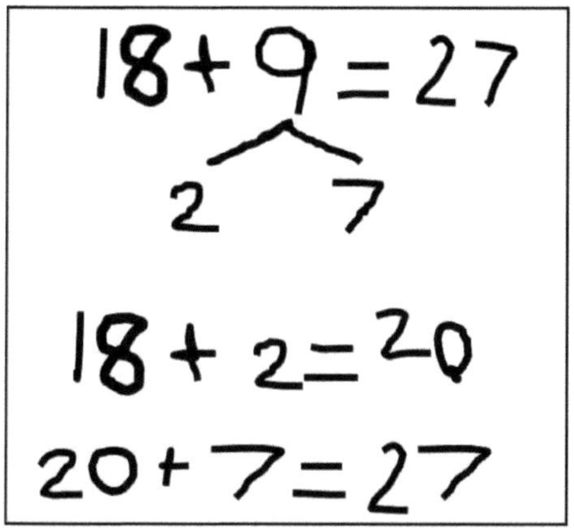

```
18 + 9 = 27
    /\
   2  7
18 + 2 = 20
20 + 7 = 27
```

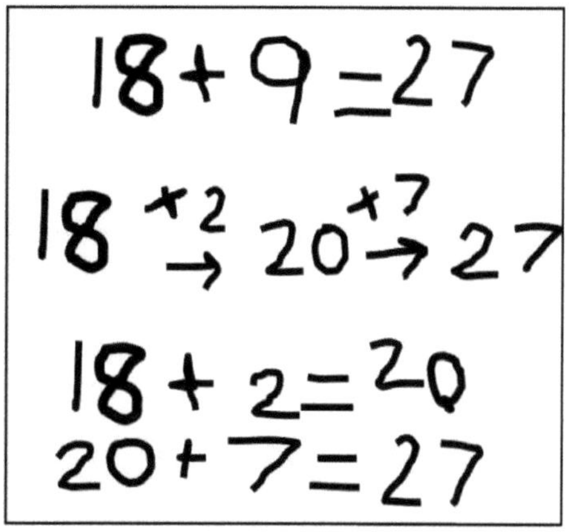

```
18 + 9 = 27
18 →⁺² 20 →⁺⁷ 27
18 + 2 = 20
20 + 7 = 27
```

Les deux ont-ils raison? Pourquoi ou pourquoi pas?

2. Deux autres élèves ont résolu le même problème en utilisant des dizaines rapides.

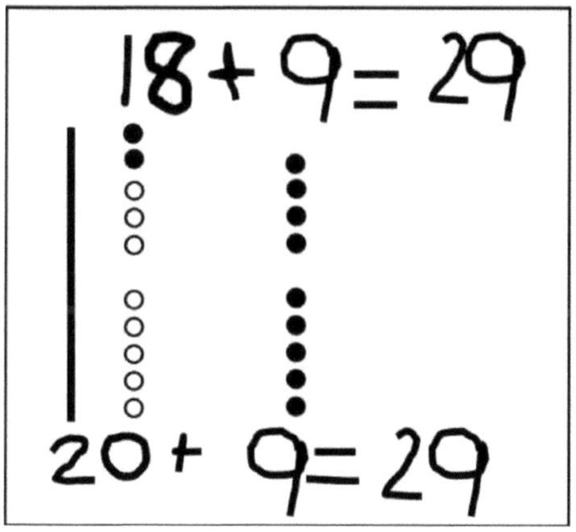

```
18 + 9 = 29
20 + 9 = 29
```

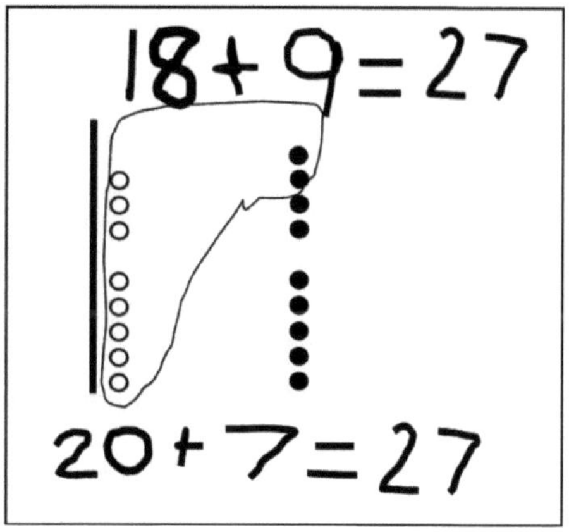

```
18 + 9 = 27
20 + 7 = 27
```

Les deux ont-ils raison? Pourquoi ou pourquoi pas?

Leçon 18 : Partager et commenter les stratégies de ses camarades pour l'addition de nombres à deux chiffres.

3. Entoure tout travail d'élève qui est correct.

$$19 + 6$$

| Élève A 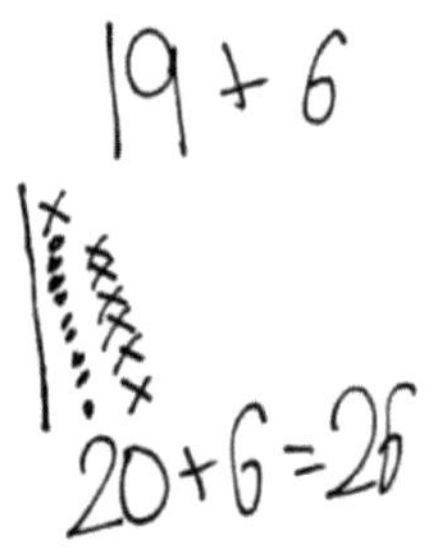 | Élève B 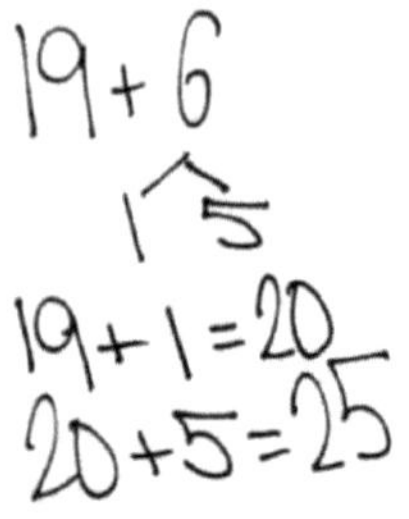 | Élève C 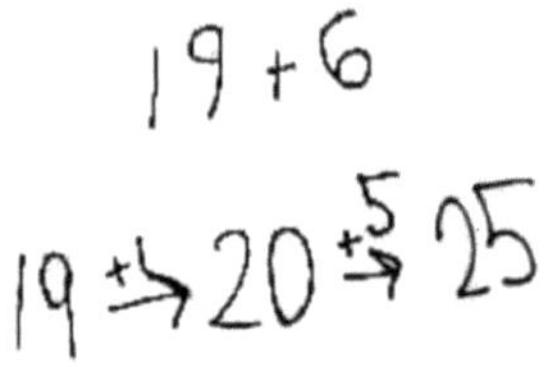 |

Élève A:
19 + 6
|||||||||| ×××××
          ××
20 + 6 = 26

Élève B:
19 + 6
   ⌒
  1 5
19 + 1 = 20
20 + 5 = 25

Élève C:
19 + 6
19 +1→ 20 +5→ 25

Corrige le travail d'élève qui est incorrect en créant un nouveau dessin ou des dessins dans l'espace ci-dessous.

Choisis un travail correct d'élève et donne une suggestion pour l'améliorer.

Résous en utilisant le processus de Lecture-Dessin-Écriture.

John a 5 voitures de course rouges et 12 voitures de course bleues. Combien de voitures de course John en-a-t il en tout?

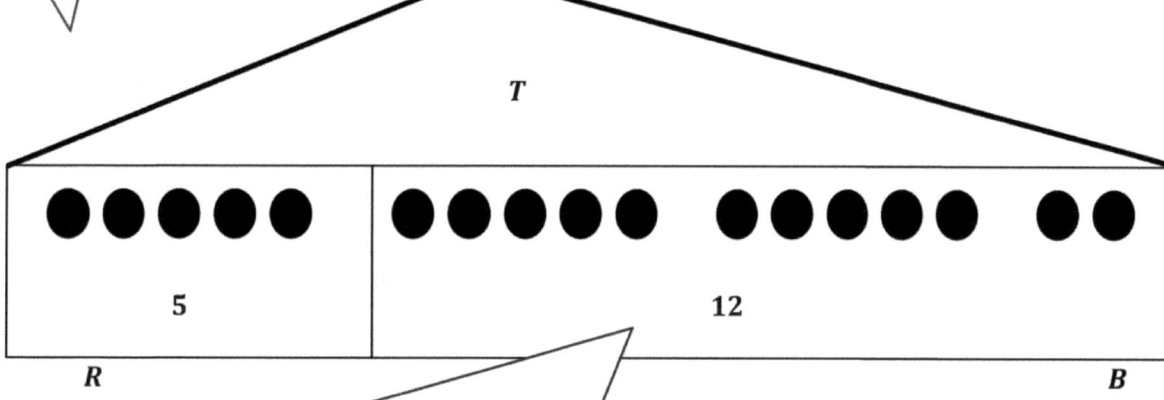

Je peux dessiner 5 cercles pour les voitures de course rouges. Je place mes cercles dans un rectangle pour qu'ils soient bien organisés. Je marque mon dessin du chiffre 5 et de la lettre R, je sais donc que ce rectangle représente les 5 voitures de course rouges.

Je relie les deux rectangles et je dessine une boîte avec un point d'interrogation marqué de la lettre T car c'est le total. Quand je trouverai le total, je connaîtrai la réponse à la question.

Je peux dessiner 12 cercles pour les voitures de course bleues. J'organise mes cercles et je les mets dans un rectangle portant le chiffre 12 et la lettre B, je sais donc que ce rectangle représente les 12 voitures de course bleues.

$5 + 12 = \boxed{17}$

Je dessine une boîte autour de 17 parce que c'est le total et la réponse à la question. La dernière partie du processus Lis–Dessine–Écris (LDE) est d'écrire. Je peux écrire une déclaration pour répondre à la question.

John a 17 voitures de course.

Nom _____ Date _____

Lis le problème.
Dessine un diagramme en bande et étiquette-le.
Écris une phrase numérique et une déclaration qui correspondent à l'histoire.

1. Daniel est en train de jouer avec ses 4 robots rouges. Ben se joint à lui avec 13 robots bleus. Combien de robots ont-t-ils en tout?

Il ont _____ robots.

2. Rose et Emi ont participé à un concours de saut à la corde. Rose a sauté 14 fois et Emi en a sauté 6 fois. Combien de fois Rose et Emi ont-t-elles sauté?

Elles ont sauté _____ fois.

UNE HISTOIRE D'UNITÉS

Leçon 19 Devoirs 1•4

3. Pedro a compté les avions décollant et atterrissant à l'aéroport. Il a vu 7 avions décoller et 6 avions atterrir. Combien d'avions a-t-il compté en tout?

Pedro a compté _____ avions.

4. Tamra et Willie ont marqué tous les points pour leur équipe lors d'un match de basketball. Tamra a marqué 13 points et Willie a marqué 5 points. Quel était le score de leur équipe pour le match ?

Le score de l'équipe était de _____ points.

Leçon 19 : Utiliser des diagrammes à bande pour résoudre les problèmes *de mises ensemble/décomposition avec résultat inconnu et d'addition avec résultat inconnu.*

Résous en utilisant le processus de Lecture-Dessin-Écriture.

> Qu'est-ce que je peux dessiner ?

1. Mary a 14 entraînements ce mois-ci. 7 entraînements ont lieu après l'école, et le reste en soirée. Combien d'entraînements ont lieu le soir ?

> Que sais-je après avoir lu le problème ?

> Je connais le total, ou la somme. Je peux dessiner 14 cercles dans des rangées de 5 groupes pour représenter le nombre total d'entraînements.

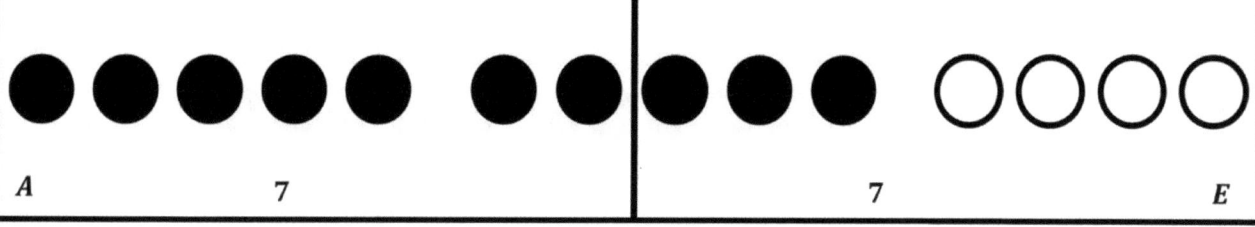

> Je sais qu'il y a 7 entraînements après l'école. Je peux dessiner un rectangle autour de 7 cercles pour représenter les 7 entraînements qui ont lieu après l'école. Je donne au rectangle la lettre A pour "après l'école".

> Je dessine un rectangle autour des autres cercles. Cela représente les entraînements qui ont lieu le soir. Je compte les cercles et je vois qu'il y a 7 entraînements le soir. Je marque le rectangle avec la lettre S pour Soir.

$14 - 7 = \boxed{7}$

> Je dessine un rectangle autour de 7 parce que 7 est la réponse à la question.

Mary a 7 entraînements le soir.

2. Katelyn a donné quelques uns de ses autocollants à son amie. Elle avait 18 autocollants au départ, et il lui reste 12 autocollants. Combien d'autocollants Katelyn a-t-elle donnés à son amie?

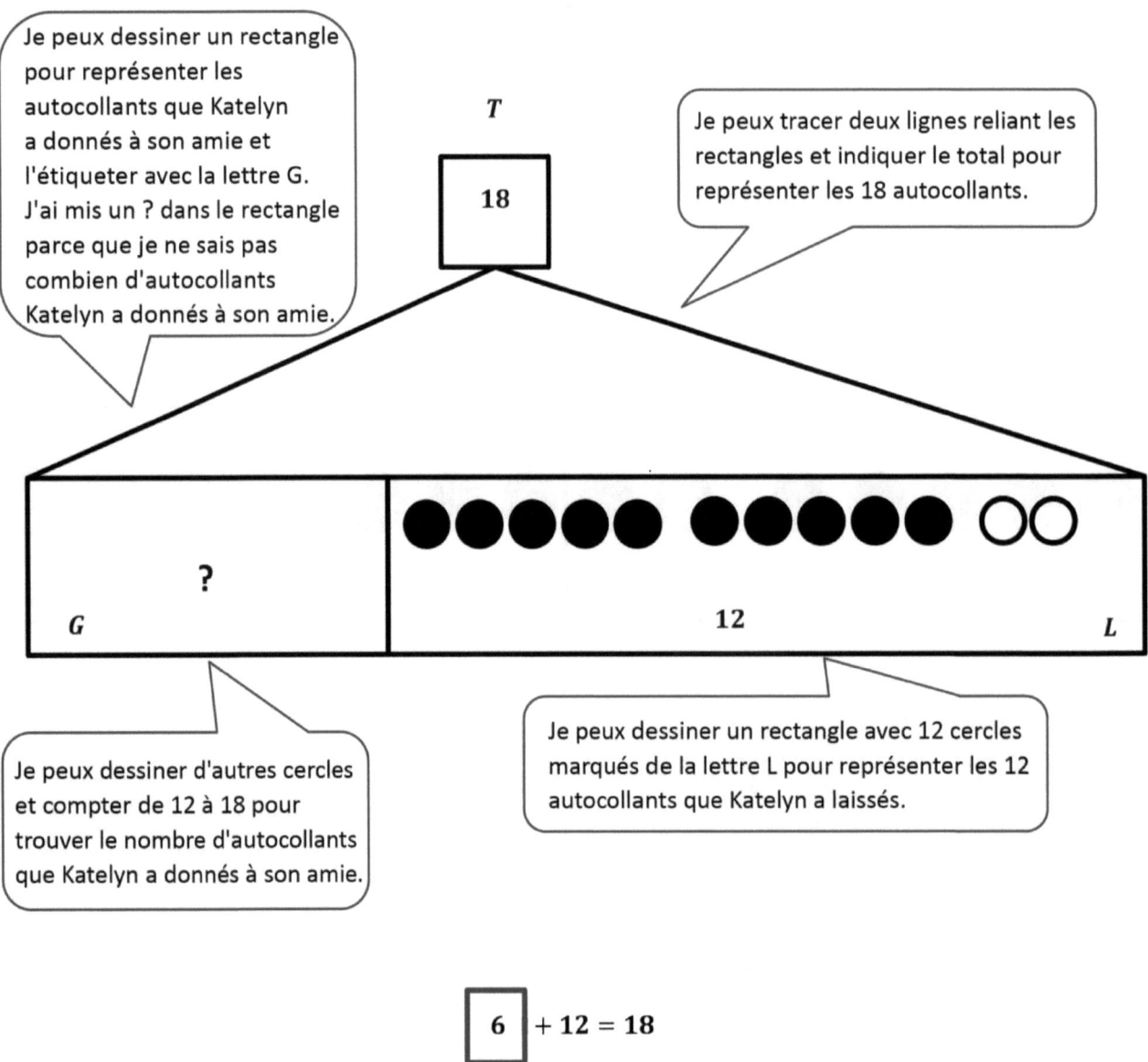

Katelyn a donné 6 autocollants à son amie.

UNE HISTOIRE D'UNITÉS   Leçon 20 Devoirs 1•4

Nom _____   Date _____

Lis le problème.
Dessine un diagramme en bande et étiquette-le.
Écris une phrase numérique et une déclaration qui correspondent à l'histoire.

1. Rose a 12 entraînements de foot ce mois-ci. 6 entraînements sont dans l'après-midi, mais les autres sont dans la matinée. Combien d'entraînements auront lieu dans la matinée?

Rose a _____ entraînements dans la matinée.

2. Ben a attrapé 16 poissons. Il en a remis quelques uns dans le lac. Il a emporté à la maison 7 poissons. Combien de poissons a-t-il remis dans le lac?

Ben a remis _____ poissons dans le lac.

Leçon 20 : Reconnaître et utiliser des relations de partie et de tout dans des diagrammes en bande lors de la résolution d'une variété de types de problème.

3. Nikil a résolu 9 problèmes lors du premier Sprint. Il a résolu 11 problèmes lors du second Sprint. Combien de problèmes a-t-il résolus lors des deux Sprints?

Nikil a résolu _____ problèmes lors des Sprints.

4. Shanika a ramené quelques livres à la bibliothèque. Au début, elle avait 16 livres et il lui reste toujours 13 livres. Combien de livres a-t-elle ramenés à la bibliothèque?

Shanika a ramené _____ livres à la bibliothèque.

UNE HISTOIRE D'UNITÉS Leçon 21 Aide aux devoirs 1•4

Résous en utilisant le processus de Lecture-Dessin-Écriture.

Emi a fait un bracelet qui faisait 13 centimètres de long. Le bracelet ne s'est pas ajusté, donc elle a allongé le bracelet. Maintenant le bracelet fait 17 centimètres de long. Combien de centimètres Emi a-t-elle ajoutés au bracelet?

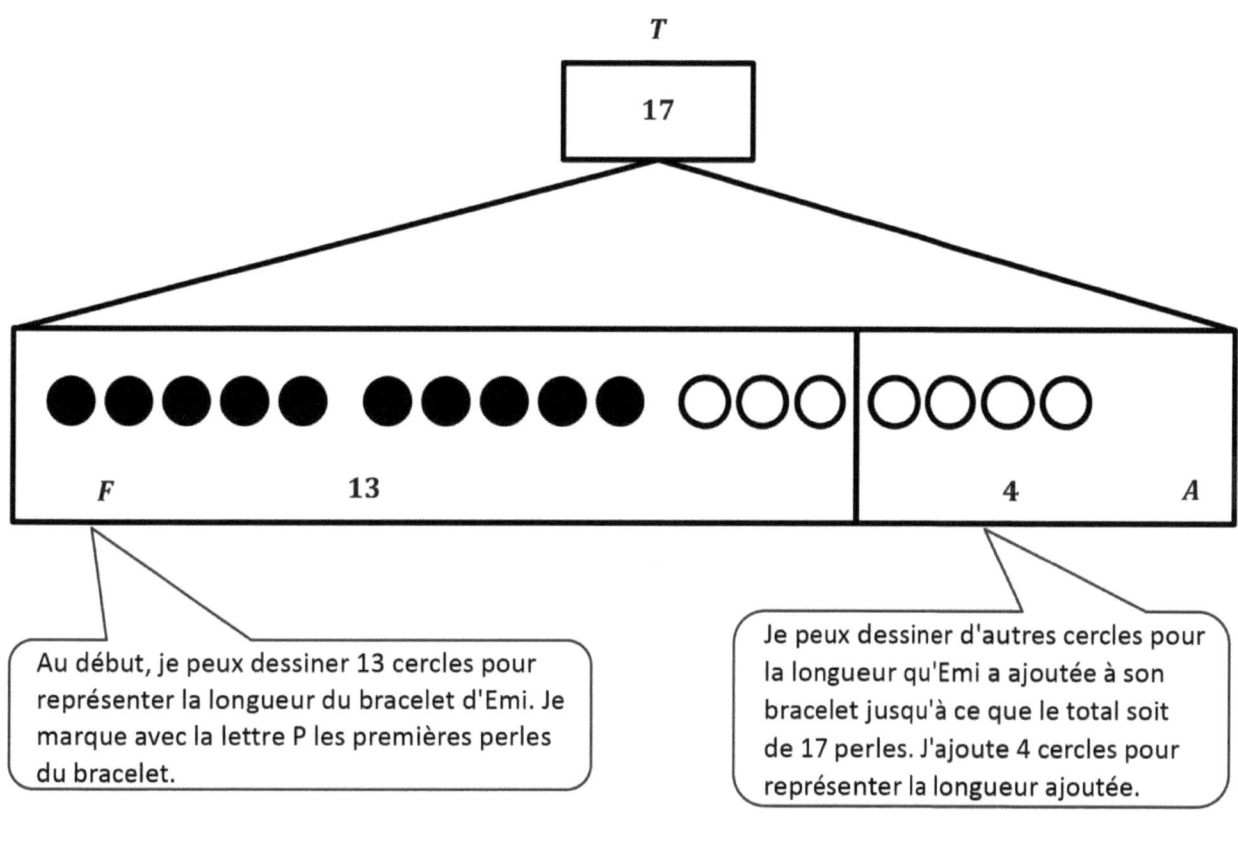

Au début, je peux dessiner 13 cercles pour représenter la longueur du bracelet d'Emi. Je marque avec la lettre P les premières perles du bracelet.

Je peux dessiner d'autres cercles pour la longueur qu'Emi a ajoutée à son bracelet jusqu'à ce que le total soit de 17 perles. J'ajoute 4 cercles pour représenter la longueur ajoutée.

$13 + \boxed{4} = 17$

Emi a ajouté 4 centimètres au bracelet.

Nom _____ Date _____

Lis le problème.
Dessine un diagramme en bande et étiquette-le.
Écris une phrase numérique et une déclaration qui correspondent à l'histoire.

1. Fatima a 12 crayons de couleur dans son sac. Elle a aussi 6 crayons ordinaires. Combien de crayons Fatima a-t-elle?

   Fatima a _____ crayons.

2. Julio a nagé 7 longueurs dans la matinée. Dans l'après-midi, il a nagé quelques longueurs de plus. Il a nagé en tout 14 longueurs. Combien de longueurs a-t-il nagées dans l'après-midi?

   Julio a nagé _____ longueurs dans l'après-midi.

3. Peter a construit 18 maquettes. Il a construit 18 avions et quelques voitures. Combien de maquettes de voiture a-t-il construites?

   Peter a construit _____ maquettes de voitures.

4. Kiana a trouvé quelques coquillages à la plage. Elle a donné 8 coquillages à son frère. Maintenant, il lui reste 9 coquillages. Combien de coquillages Kiana a-t-elle trouvés à la plage?

Kiana a trouvé _____ coquillages.

UNE HISTOIRE D'UNITÉS — Leçon 22 Aide aux devoirs

Utilise des diagrammes en bande pour écrire une variété de problèmes. Si nécessaire, utilise la banque de mots. Rappelle-toi d'étiqueter ton modèle après avoir écrit l'histoire.

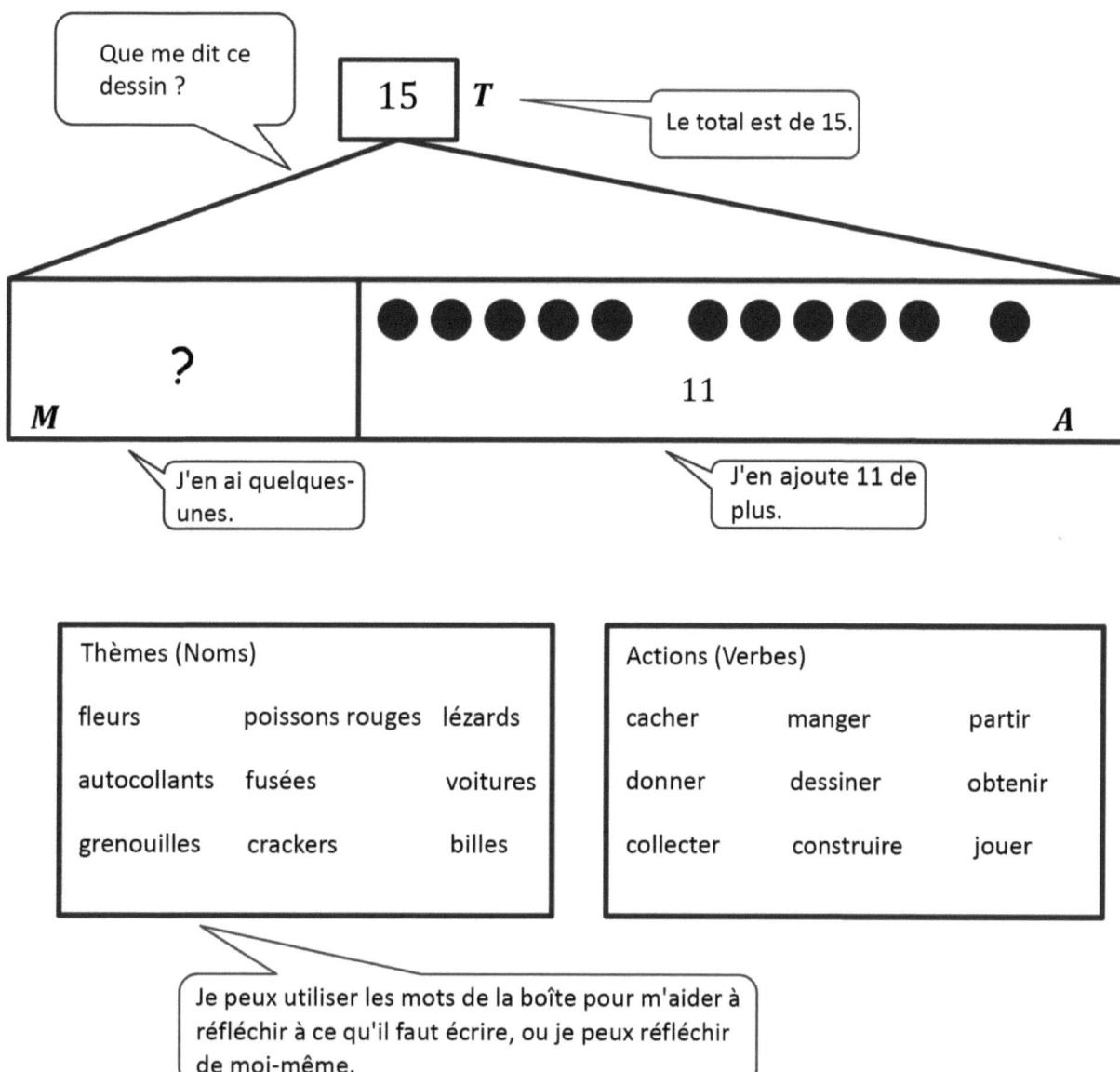

Beth cueille quelques fleurs pour sa maman dans la matinée. Elle cueille 11 fleurs en plus l'après-midi. Maintenant, elle a 15 fleurs pour sa maman. Combien de fleurs Beth a-t-elle cueillies dans la matinée?

Leçon 22 : Écrire des problèmes de types variés.

UNE HISTOIRE D'UNITÉS — Leçon 22 Devoirs 1•4

Nom _____ Date _____

Utilise des diagrammes en bande pour écrire une variété de problèmes. Si nécessaire, utilise la banque de mots. Rappelle-toi d'étiqueter ton modèle après avoir écrit l'histoire.

Sujets (Noms)
fleurs poisson rouge lézards
autocollants fusées   voitures
grenouilles crackers   billes

Actions (Verbes)		
cacher	manger	partir
donner	dessiner	obtenir
recueillir	construire	jouer

1.

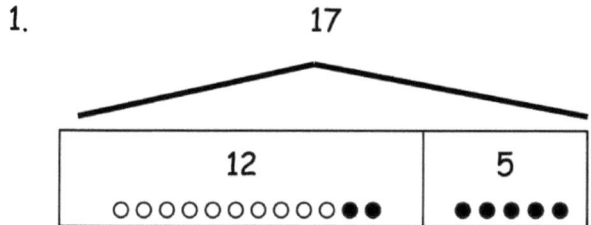

Leçon 22 : Écrire des problèmes de types variés.

2.

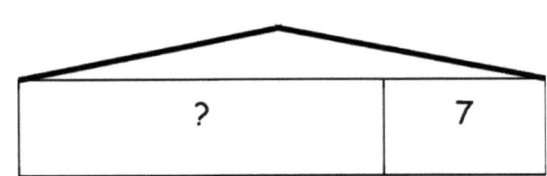

UNE HISTOIRE D'UNITÉS   Leçon 23 Aide aux devoirs   1•4

1. Remplis les blancs et relie les paires qui indiquent la même quantité.

   > Je peux faire correspondre ces photos car elles en montrent toutes deux 32. 3 dizaines 2 unités est égal à 2 dizaines 12 unités. Si j'en regroupe 10 unités dans l'image de droite, il y aura 3 dizaines 2 unités.

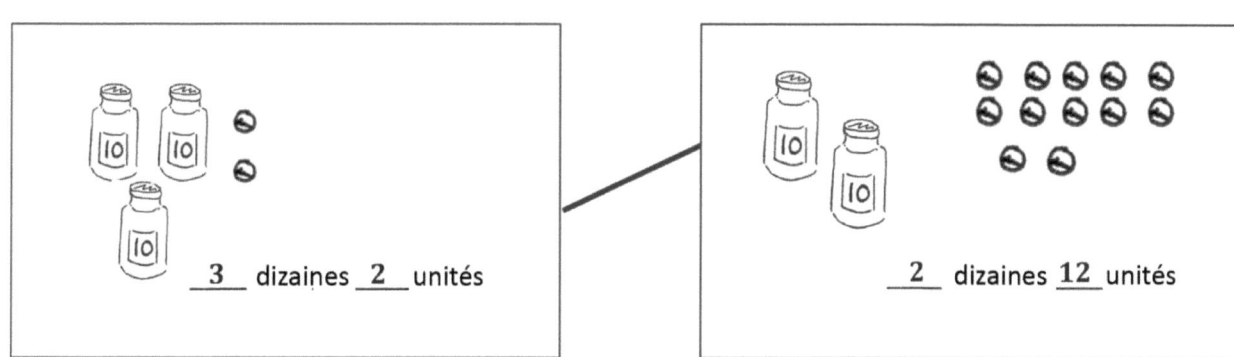

2. Relie les tableaux de valeur de position qui indiquent la même quantité.

   > Le tableau des valeurs de position indique combien de dizaines et de uns Il est possible d'avoir plus que 9 dans les unités. 2 dizaines 15 unités = 35

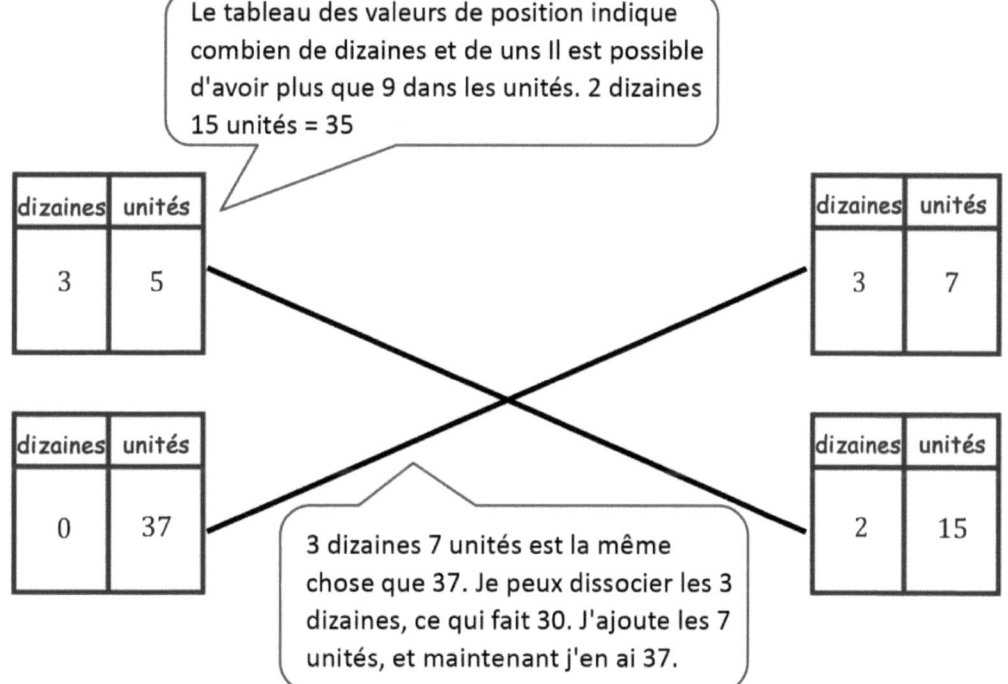

   > 3 dizaines 7 unités est la même chose que 37. Je peux dissocier les 3 dizaines, ce qui fait 30. J'ajoute les 7 unités, et maintenant j'en ai 37.

Leçon 23 : Interpréter des nombres à deux chiffres comme des dizaines et des unités, y compris dans les cas avec plus de 9 unités.

3. Emi dit que 29 est équivalent à 1 dizaine 19 unités, et Ben dit que 29 est équivalent à 2 dizaines 19 unités. Dessine des dizaines rapides pour montrer si Emi ou Ben a raison.

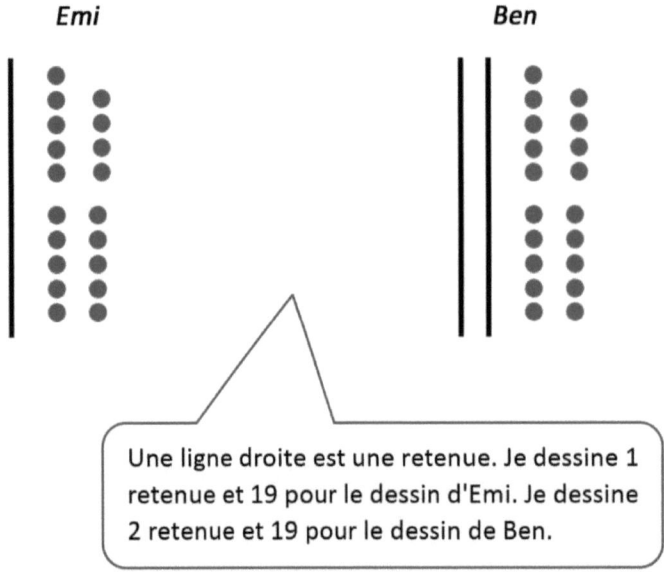

Une ligne droite est une retenue. Je dessine 1 retenue et 19 pour le dessin d'Emi. Je dessine 2 retenue et 19 pour le dessin de Ben.

Emi a raison parce que 1 dizaine 19 unités est équivalent à 29. Ben a tort parce que 2 dizaines 19 unités est équivalent à 39, qui n'est pas 29.

Nom _____ Date _____

1. Remplis les blancs et relie les paires qui indiquent la même quantité.

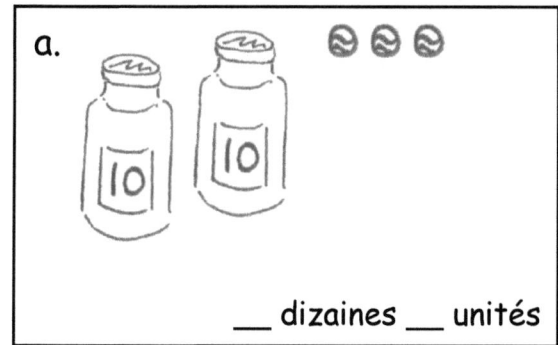
__ dizaines __ unités

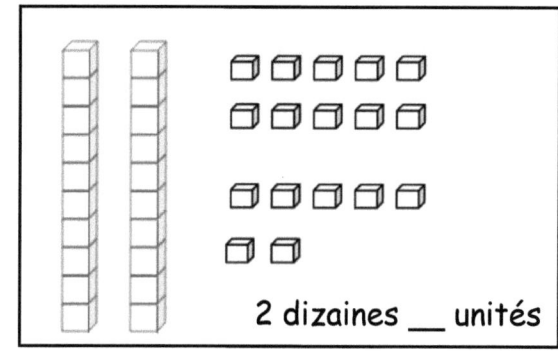
2 dizaines __ unités

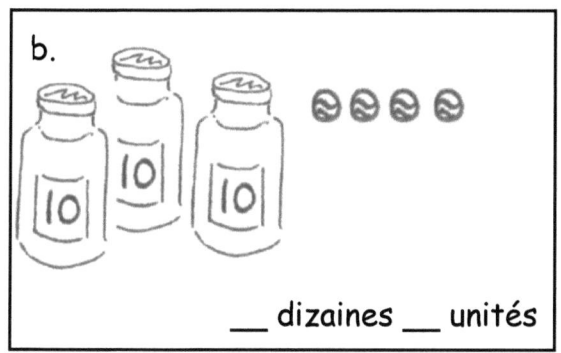
__ dizaines __ unités

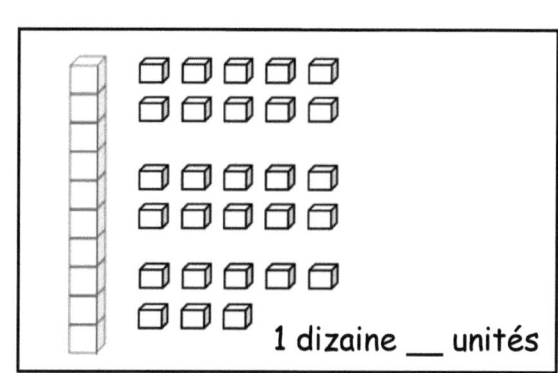
1 dizaine __ unités

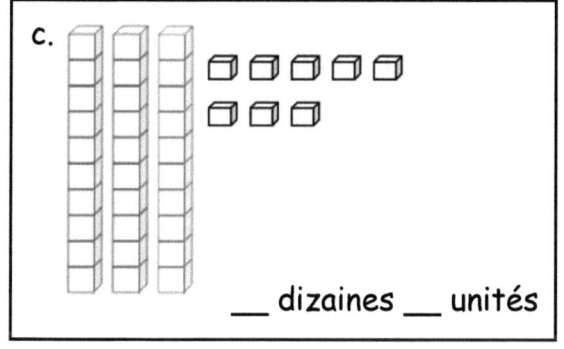
__ dizaines __ unités

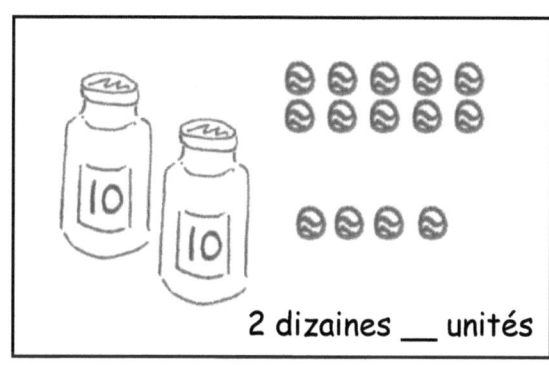
2 dizaines __ unités

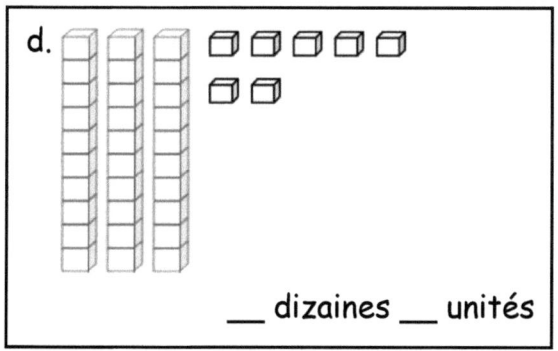
__ dizaines __ unités

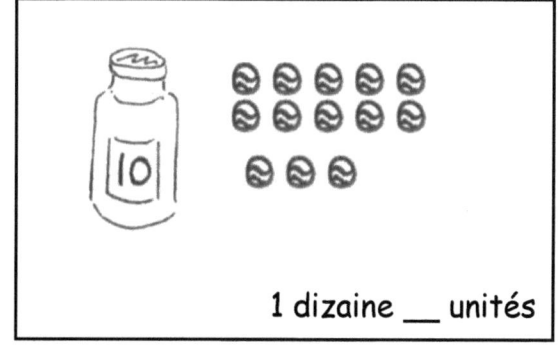
1 dizaine __ unités

2. Relie les tableaux de valeur de position qui indiquent la même quantité.

a.
dizaines	unités
2	18

dizaines	unités
3	8

b.
dizaines	unités
1	16

dizaines	unités
2	1

c.
dizaines	unités
0	21

dizaines	unités
2	6

3. Vérifie que chaque phrase est correcte.

☐ a. 35 est équivalent à 1 dizaine et 25 unités.

☐ b. 28 est équivalent à 1 dizaine 18 unités.

☐ c. 36 est équivalent à 2 dizaines 16 unités.

☐ d. 39 est équivalent à 2 dizaines 29 unités.

4. Emi dit que 37 est équivalent à 1 dizaine 27 unités, et Ben dit que 37 est équivalent à 2 dizaines 7 unités. Dessine des dizaines rapides pour montrer si Emi ou Ben a raison.

Leçon 24 Aide aux devoirs 1•4

1. Résous en utilisant des liaisons numériques. Écris les deux phrases numériques qui indiquent que tu as ajouté 10 d'abord. Dessine des dizaines et unités rapides si cela t'aide.

   a.
   15 + 13 = __28__

   10   3

   15 + 10 = 25
   25 + 3 = 28

   b.
   16 + 23 = __39__

   10   6

   23 + 10 = __33__

   __33__ + 6 = __39__

   J'extrais 15 en utilisant des retenues et des unités. Je peux diviser 13 en 10 + 3. J'ajoute 15 et 10, ce qui équivaut à 25. J'ajoute les 3 unités à 25. J'utilise des x pour montrer que j'additionne les 3.

   Je veux d'abord ajouter 10, donc je divise 16 en 10 et 6 en utilisant un lien numérique. J'ajoute 10 à 23 et j'obtiens 33. Ensuite, j'ajoute 33 et 6, ce qui est la réponse: 39.

2. Résous en utilisant des liaisons numériques.

   a.
   17 + 23 = __40__

   10   7

   23 + 10 = 33
   33 + 7 = 40

   b.
   22 + 18 = __40__

   10   8

   Je peux décomposer 17 en 10 et 7 à l'aide d'une liaison numérique. J'ajoute 10 et 23, ce qui égale 33. Ensuite, j'ajoute 33 et 7 pour en arriver à ma réponse de 40.

   Je n'ai pas écrit les deux phrases numériques du fait que j'étais capable de faire mon addition par coeur.

Leçon 24 : Additionner une paire de nombres à deux chiffres quand les chiffres des unités ont une somme plus petite ou égale à 10.

UNE HISTOIRE D'UNITÉS Leçon 24 Devoirs 1•4

Nom _____ Date _____

1. Résous en utilisant des liaisons numériques. Écris les deux phrases numériques qui indiquent que tu as ajouté la dizaine d'abord. Dessine des dizaines et unités rapides si cela t'aide.

a.
13 + 16 = ____
   /\
 10   3

16 + 10 = 26

26 + 3 = 29

b.
16 + 23 = ____
   /\
 10   6

23 + 10 = ____

____ + 6 = ____

c.
16 + 14 = ____
   /\
 10   4

16 + 10 = ____

____ + 4 = ____

d.
14 + 26 = ____
   /\
 10   4

26 + 10 = ____

____ + ____ = ____

e.
17 + 13 = ____
   /\
 10   3

____ + ____ = ____

____ + ____ = ____

f.
27 + 13 = ____
   /\

____ + ____ = ____

____ + ____ = ____

Leçon 24 : Additionner une paire de nombres à deux chiffres quand les chiffres des unités ont une somme plus petite ou égale à 10.

2. Résous en utilisant des liaisons numériques. La partie (a) a été commencée pour toi.

a.
14 + 13 = _____

10   3

____ + ____ = ____

____ + ____ = ____

b.
24 + 14 = _____

____ + ____ = ____

____ + ____ = ____

c.
15 + 14 = _____

d.
24 + 15 = _____

e.
22 + 17 = _____

f.
27 + 12 = _____

g.
18 + 12 = _____

h.
28 + 12 = _____

UNE HISTOIRE D'UNITÉS — Leçon 25 Aide aux devoirs — 1•4

1. Résous en utilisant des liaisons numériques. Cette fois, ajoute les dizaines en premier. Écris les deux phrases numériques pour montrer cela.

a.

12 + 16 = __28__

10   2

$16 + 10 = 26$
$26 + 2 = 28$

b.

23 + 17 = __40__

10   7

$23 + 10 = 33$
$33 + 7 = 40$

> Je dois d'abord ajouter les dizaines. Je peux diviser 12 en 10 et 2 et ajouter 10 à 16. 10 + 16 = 26. Il me reste 2 unités à ajouter : 26 + 2 = 28.

2. Résous en utilisant des liaisons numériques. Cette fois, ajoute les unités en premier. Écris les deux phrases numériques pour montrer ce que tu as fait.

a.

23 + 16 = __39__

6   10

$23 + 6 = 29$
$29 + 10 = 39$

b.

11 + 29 = __40__

10   1

$29 + 1 = 30$
$30 + 10 = 40$

> Je peux encore décomposer 16 en 6 et 10, mais cette fois, j'ajoute les 6 unités à 23 d'abord.

> Je note qu'en ajoutant mes unités, le résultat est ma nouvelle dizaine.

Leçon 25 : Additionner une paire de nombres à deux chiffres quand les chiffres des unités ont une somme plus petite ou égale à 10.

UNE HISTOIRE D'UNITÉS   Leçon 25 Devoirs 1•4

Nom _____   Date _____

1. Résous en utilisant des liaisons numériques. Cette fois, ajoute les dizaines en premier. Écris les deux phrases numériques pour montrer ce que tu as fait.

a. 12 + 14 = ____	b. 14 + 21 = ____
c. 15 + 14 = ____	d. 25 + 14 = ____
e. 23 + 16 = ____	f. 16 + 24 = ____

Leçon 25 : Additionner une paire de nombres à deux chiffres quand les chiffres des unités ont une somme plus petite ou égale à 10.

UNE HISTOIRE D'UNITÉS   Leçon 25 Devoirs   1•4

2. Résous en utilisant des liaisons numériques. Cette fois, ajoute les unités en premier. Écris les deux phrases numériques pour montrer ce que tu as fait.

a. 27 + 10 = _____	b. 27 + 13 = _____
c. 13 + 26 = _____	d. 26 + 14 = _____
e. 12 + 18 = _____	f. 18 + 21 = _____
g. 19 + 11 = _____	h. 21 + 19 = _____

UNE HISTOIRE D'UNITÉS   Leçon 26 Aide aux devoirs 1•4

1. Résous en utilisant une liaison numérique pour ajouter dix en premier. Écris les deux phrases d'addition, si cela t'aide.

> Il me faut utiliser la stratégie Ajouter-la-dizaine-d'abord. Je décompose un des nombres en 10 suivi des unités.

a. 25 + 14 = __39__
   /\
  10 4

   25 + 10 = __35__

   __35__ + __4__ = __39__

b. 19 + 15 = __34__
   /\
  10 5

   19 + 10 = __29__

   __29__ + __5__ = __34__

> Ajouter 10 à un nombre est facile. Je sais que 25 + 10 = 35. Il ne me reste qu'à ajouter les unités ; c'est aussi facile.

2. Résous en utilisant une liaison numérique pour créer une dizaine en premier. Écris les deux phrases d'addition qui t'aident.

a. 16 + 19 = __35__
   /\
  15 1

   __19__ + 1 = __20__

   __20__ + 15 = __35__

b. 18 + 14 = __32__
   /\
  2 12

   __18__ + __2__ = __20__

   __20__ + __12__ = __32__

> 16 est décomposé en 15 et 1 du fait que 19 a besoin d'une unité supplémentaire pour faire la dizaine suivante.

> J'aurais aussi pu choisir la décomposition de 18 en 6 et 12, comme il y a possibilité d'obtenir la nouvelle dizaine avec 6 et 14.

Leçon 26 : Additionner une paire de nombres à deux chiffres quand les chiffres des unités ont une somme plus grande que 10.

UNE HISTOIRE D'UNITÉS   Leçon 26 Devoirs   1•4

Nom _____   Date _____

1. Résous en utilisant une liaison numérique pour ajouter dix en premier. Écris les 2 phrases d'addition, si cela t'aide.

   a. 18 + 13 = ____
          /\
        10   3

        18 + 10 = 28

        28 + 3 = 31

   b. 13 + 19 = ____
          /\
        10   3

        19 + 10 = 29

        29 + 3 = 32

   c. 17 + 15 = ____
          /\
        10   5

        17 + 10 = ____

        ____ + 5 = ____

   d. 17 + 16 = ____
          /\
        10   6

        17 + 10 = ____

        ____ + 6 = ____

   e. 17 + 14 = ____
          /\
        10   4

        17 + 10 = ____

        ____ + ____ = ____

   f. 19 + 17 = ____
          /\
        10   7

        19 + 10 = ____

        ____ + ____ = ____

Leçon 26 : Additionner une paire de nombres à deux chiffres quand les chiffres des unités ont une somme plus grande que 10.

2. Résous en utilisant une liaison numérique pour créer une dizaine en premier. Écris les 2 phrases numériques, si cela t'aide.

a. 19 + 13 = _____
   ∧
   1   12

   19 + 1 = 20
   20 + 12 = 32

b. 19 + 14 = _____
   ∧
   1   13

   19 + 1 = 20
   20 + 13 = 33

c. 18 + 15 = _____
   ∧
   2   13

   18 + 2 = _____
   20 + 13 = _____

d. 18 + 17 = _____
   ∧
   2   15

   18 + 2 = _____
   _____ + 15 = _____

e. 18 + 19 = _____
   ∧
   17   1

   _____ + 1 = _____
   _____ + 17 = _____

f. 19 + 19 = _____
   ∧
   18   1

   _____ + _____ = _____
   _____ + _____ = _____

Pour les problèmes suivants, résous en utilisant la stratégie avec laquelle tu es le plus à l'aise.

1. 15 + 17 = __32__

    ```
      /\
     10  5
    ```

    17 + 10 = 27
    27 + 5 = 32

    > Je me sens plus à l'aise en utilisant des dizaines et des unités rapides. Je peux dessiner 17 avec une dizaine rapide et sept unités. Je dessine les unités avec 5 cercles fermés et 2 cercles ouverts, pour m'aider à voir combien de 7 il faut encore pour faire une nouvelle dizaine.

    > Je peux décomposer 15 en 10 et 5, et ajouter une dizaine rapide à côté de la dizaine rapide en 17. Maintenant, il ne me reste plus que 5 à ajouter. J'utilise des x pour dessiner cette partie, afin de savoir combien il m'en faut. J'ajoute 3 x aux 7 unités en 17. Je trace une ligne à travers les cercles et les x parce que 7 et 3 font une dizaine, j'en ai 2 de plus à dessiner, 1 peut dessiner 2 x de plus. Mon dessin affiche 32.

2. 18 + 14 = __32__

    18 + 10 = 28
    28 + 4 = 32

    > Pour ce problème, je me sens plus à l'aise en utilisant la stratégie Ajouter-une dizaine-d'abord, ce qui signifie que je décompose 14 en 10 et 4, puis j'ajoute 10 et 18, ce qui fait 28. J'ai 4 de plus à ajouter. 28 et 4 font 32.

3. 19 + 12 = __31__

    19 + 2 = 21
    21 + 10 = 31

    > Pour ce problème, je me sens plus à l'aise d'ajouter les unités en premier. 12, c'est dix et 2. Je peux ajouter les 2 à 19, ce qui fait 21. Ensuite, je peux rapidement ajouter la dizaine pour obtenir la réponse.

4. 19 + 18 = __37__

    19 + 1 = 20
    20 + 17 = 37

    > Pour ce problème, je me sens plus à l'aise de faire une dizaine. Je sais que 19 n'a besoin que d'une unité de plus pour faire 20. Je peux facilement décomposer 18 en 1 et 17.

UNE HISTOIRE D'UNITÉS   Leçon 27 Aide aux devoirs   1•4

Nom _____   Date _____

1. Résous en utilisant les liaisons numériques avec des paires de phrases numériques. Tu peux dessiner des dizaines rapides et des unités, si cela t'aide.

a. 17 + 14 = _____	b. 16 + 15 = _____
c. 17 + 15 = _____	d. 18 + 13 = _____
e. 18 + 15 = _____	f. 18 + 16 = _____
g. 19 + 15 = _____	h. 19 + 16 = _____

Leçon 27 : Additionner une paire de nombres à deux chiffres uand les chiffres des unités ont une somme plus grande que 10.

111

2. Résous Tu peux dessiner des dizaines rapides et des unités, si cela t'aide.

a. 19 + 14 = _____	b. 19 + 17 = _____
c. 18 + 17 = _____	d. 16 + 16 = _____
e. 17 + 14 = _____	f. 15 + 16 = _____
g. 19 + 19 = _____	h. 18 + 18 = _____

Leçon 27 : Additionner une paire de nombres à deux chiffres quand les chiffres des unités ont une somme plus grande que 10.

UNE HISTOIRE D'UNITÉS   Leçon 28 Aide aux devoirs   1•4

Résous en utilisant des dizaines et des unités, des liaisons numériques ou la direction de la flèche.

1. 26 + 13 = __39__

    $26 \xrightarrow{+10} 36 \xrightarrow{+3} 39$

    > J'ai résolu le problème en utilisant la méthode des flèches car je sais que 13 = 10 + 3. Je peux ajouter les 10 premiers pour obtenir 36 et ensuite ajouter 3. Ma réponse est 39.

2. 18 + 18 = __36__

    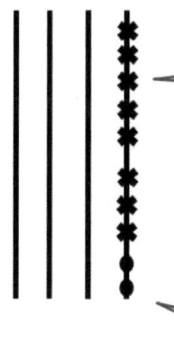

    $18 + 2 = 20$
    $20 + 16 = 36$

    > J'ai résolu le problème en utilisant une liaison numérique. J'ai fait une dizaine. Je sais que 18 a besoin de 2 de plus pour faire 20, alors j'ai décomposé les 18 autres en 2 et 16. J'ai ajouté 20 et 16 pour obtenir ma réponse de 36.

3. 22 + 18 = __40__

    > J'ai résolu en utilisant des dizaines rapides et des unités. Je peux dessiner 2 dizaines et 2 unités. Je peux en dessiner 18 de plus. 18, c'est 1 dizaine et 8 unités.

    > Je peux dessiner les 2 unités en 22 avec des cercles et les 8 unités en 18 avec des x. Quand je fais cela, je forme une nouvelle dizaine et je trace une ligne tout en travers de cela.

Leçon 28 : Additionner une paire de nombres à deux chiffres avec des sommes variées dans les unités.

Nom _____ Date _____

Résous en utilisant des dizaines et des unités, des liaisons numériques ou la direction de la flèche.

a. 13 + 16 = _____	b. 15 + 16 = _____
c. 16 + 16 = _____	d. 26 + 12 = _____
e. 22 + 17 = _____	f. 17 + 15 = _____
g. 17 + 16 = _____	h. 18 + 17 = _____

Leçon 28 : Additionner une paire de nombres à deux chiffres avec des sommes variées dans les unités.

i. 24 + 13 = _____	j. 15 + 24 = _____
k. 19 + 16 = _____	l. 14 + 22 = _____
m. 27 + 12 = _____	n. 28 + 12 = _____
o. 18 + 17 = _____	p. 19 + 18 = _____

Leçon 28 : Additionner une paire de nombres à deux chiffres avec des sommes variées dans les unités.

Résous en utilisant des dizaines et des unités, des liaisons numériques ou la direction de la flèche.

1. $24 + 16 =$ __40__

   $24 \xrightarrow{+10} 34 \xrightarrow{+6} 40$

   > J'ai résolu le problème en utilisant la méthode des flèches car je sais que 16 est 10 et 6. Je peux ajouter la dizaine à 24 d'abord pour obtenir 34. Je sais que 34 et 6 font 40.

2. $17 + 12 =$ __29__

   10   2

   > J'ai résolu le problème en utilisant une liaison numérique. J'ai ajouté 17 et 10 et j'ai obtenu 27. J'ai ensuite ajouté 27 et 2 pour obtenir ma réponse de 29. Je n'ai pas eu besoin d'écrire des phrases numériques parce que je peux mentalement faire le calcul.

   > Je n'ai pas résolu le problème en utilisant des dessins cette fois-ci. L'utilisation de la méthode des flèches et des liaisons numériques est plus efficace pour moi maintenant. Si je suis bloqué, je peux toujours y aller en utilisant la méthode de dizaines rapides.

Leçon 29 : Additionner une paire de nombres à deux chiffres avec des sommes variées dans les unités.

UNE HISTOIRE D'UNITÉS   Leçon 29 Devoirs   1•4

Nom _____   Date _____

1. Résous en utilisant des dessins de dizaines rapides, des liaisons numériques ou la direction de la flèche.

a. 13 + 15 = ____	b. 26 + 12 = ____
c. 23 + 16 = ____	d. 17 + 16 = ____
e. 14 + 17 = ____	f. 27 + 12 = ____
g. 15 + 18 = ____	h. 18 + 16 = ____

Leçon 29 : Additionner une paire de nombres à deux chiffres avec des sommes variées dans les unités.

UNE HISTOIRE D'UNITÉS **Leçon 29 Devoirs** 1•4

2. Résous en utilisant des dessins de dizaines rapides, des liaisons numériques ou la direction de la flèche.

a. 17 + 12 = ____	b. 21 + 17 = ____
c. 17 + 15 = ____	d. 27 + 13 = ____
e. 23 + 14 = ____	f. 18 + 17 = ____
g. 18 + 11 = ____	h. 18 + 18 = ____

Leçon 29 : Additionner une paire de nombres à deux chiffres avec des sommes variées dans les unités.

1ère année

Module 5

1. Entoure les formes qui ont exactement 3 coins.

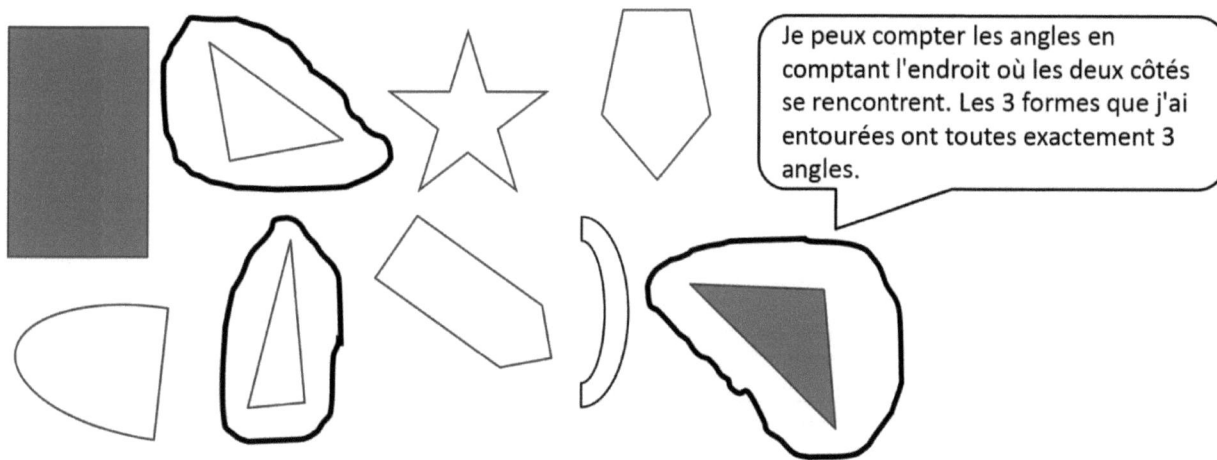

Je peux compter les angles en comptant l'endroit où les deux côtés se rencontrent. Les 3 formes que j'ai entourées ont toutes exactement 3 angles.

2. Entoure les formes qui n'ont pas de coin carré.

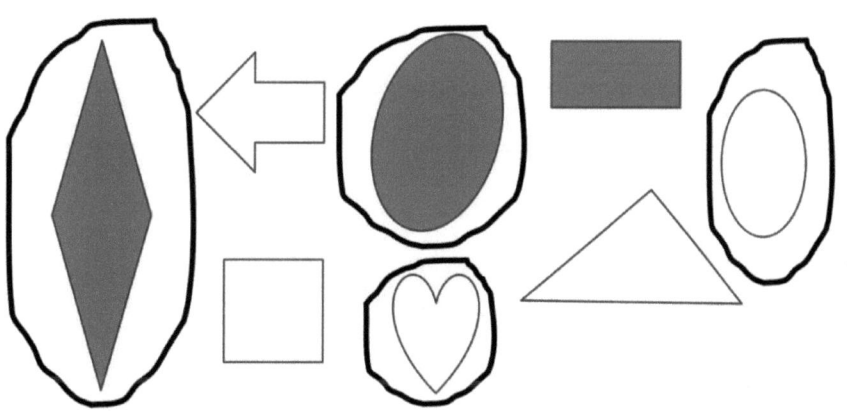

Je peux utiliser mon testeur d'angles droits, un papier en forme de "L", pour voir si ces formes ont des angles droits. Je place l'angle de mon testeur dans l'angle de la forme. Si les angles correspondent, la forme a des angles droits.

Leçon 1 : Classer les formes sur base de leurs attributs à l'aide d'exemples, de variantes et de non exemples.

3. Entoure les formes qui n'ont pas de côtés droits.

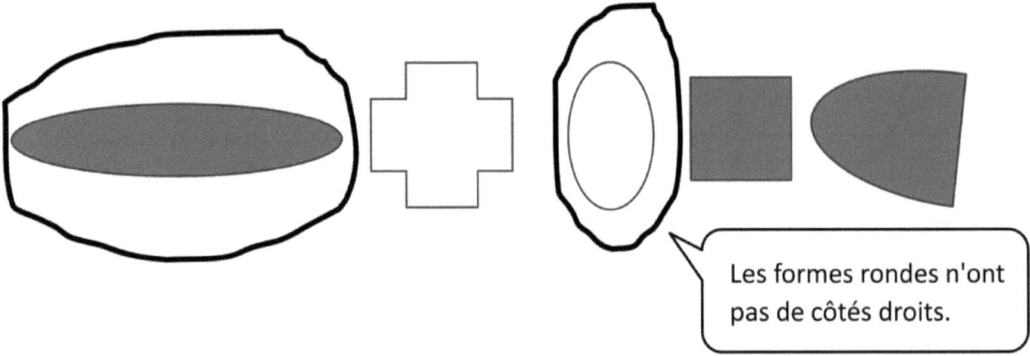

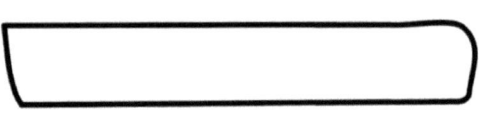

Les formes rondes n'ont pas de côtés droits.

4.
a. Dessine une forme qui a seulement des coins carrés.

b. Dessine une autre forme avec seulement des coins carrés qui est différente de la forme que tu as dessinée dans la partie (a) et de celles ci-dessus.

5. Quels attributs, ou caractéristiques, sont les mêmes pour toutes les formes du Groupe A ?
GROUPE A

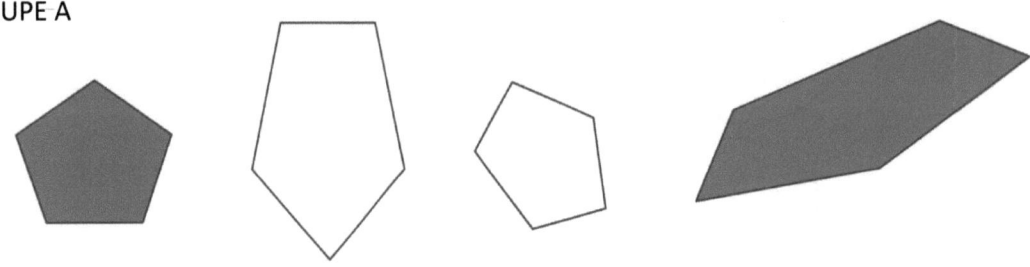

Elles ___**ont toutes 5 côtés droits**_____.

Elles ___**ont toutes 5 coins**_____.

6.
   a. Entoure la forme qui va le mieux dans le Groupe A au problème 5.

   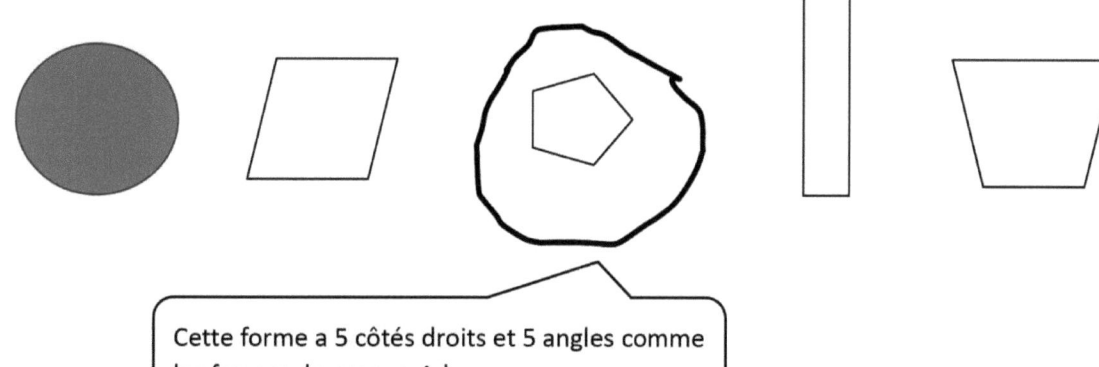

   Cette forme a 5 côtés droits et 5 angles comme les formes du groupe A !

   b. Dessine 2 autres formes qui peuvent appartenir au groupe A.

   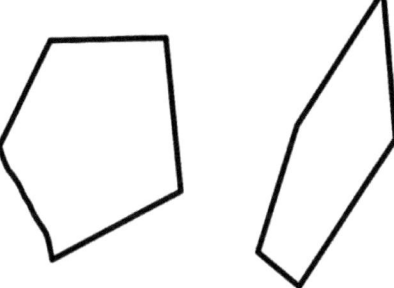

   c. Dessine une forme qui ne peut pas appartenir au groupe A.

   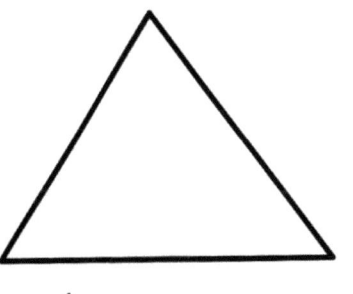

   Je peux dessiner la forme que je veux, tant qu'elle n'a pas 5 côtés droits et 5 angles !

Leçon 1 : Classer les formes sur base de leurs attributs à l'aide d'exemples, de variantes et de non exemples.

Nom _____ Date _____

1. Entoure les formes qui ont 3 côtés droits.

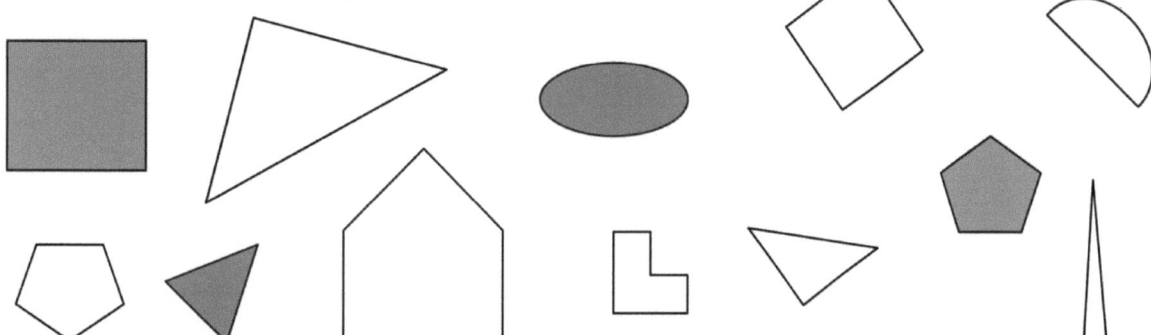

2. Entoure les formes qui n'ont pas de coin.

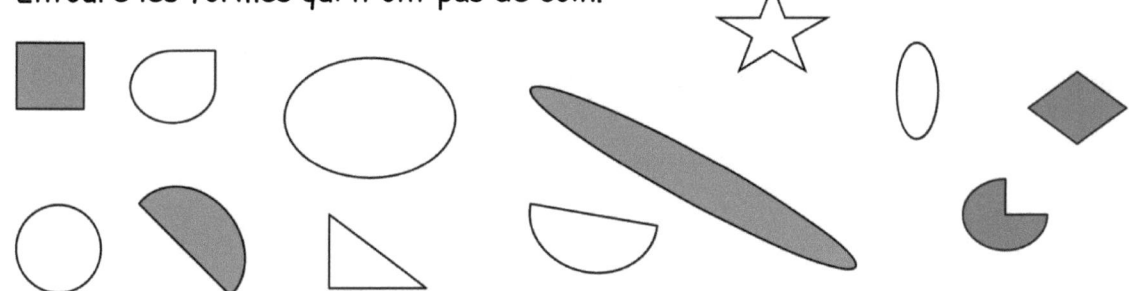

3. Entoure les formes qui ont seulement des coins carrés.

4.
a. Dessine une forme qui a 4 côtés droits.	b. Dessine une autre forme avec 4 côtés droits qui est différente de 4 (a) et de celles ci-dessus.

5. Quel attributs, ou caractéristiques, sont les mêmes pour toutes les formes du Groupe A?

GROUPE A

 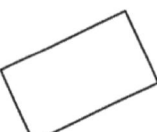  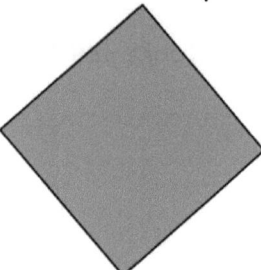

Elles ont toutes _____.

Elles ont toutes _____.

6. Entoure la forme qui va le mieux dans le groupe A.

 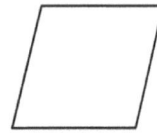 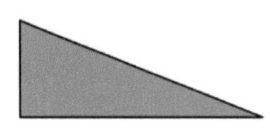  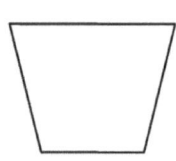

7. Dessine 2 formes de plus qui s'ajusteraient dans le Groupe A.	8. Dessine 1 forme qui ne s'ajusterait **pas** dans le Groupe A.

1. Colorie les formes en utilisant la légende. Écris le nombre de formes que tu as coloriées sur chaque ligne.

Clé

Rouge - 4 côtés droits   __8__

vert - 3 côtés droits   __8__

bleu - 6 côtés droits   __2__

jaune - 0 côtés droits   __3__

Je compte chaque côté pour savoir de quelle couleur il s'agit. Je sais que le jaune sera un cercle parce que les formes rondes n'ont pas de côtés droits !

Le cou et le corps du chat ressemblent à des carrés. Les carrés sont aussi des losanges ! La cravate du chat est également un losange. Cela fait 3 losanges.

Un triangle a __3__ côtés droits et __3__ coins.

J'ai coloré __8__ triangles.

Un hexagone a __6__ côtés droits et __6__ angles.

J'ai colorié __2__ hexagones.

Un cercle comporte __0__ côté droit et __0__ angle.

J'ai colorié __3__ cercles.

Un losange a __4__ côtés droits de longueur égale et __4__ coins.

J'ai colorié __3__ losanges.

2. Un triangle est une forme fermée avec 3 côtés droits et 3 coins.

a. Raie la forme qui n'est **pas** un triangle.

b. Explique ton raisonnement : _La forme que j'ai rayée n'est pas un triangle parce qu'il manque une forme ouverte et qu'elle n'a pas 3 côtés._

Nom _____ Date _____

1. Colorie les formes en utilisant la légende. Écris le nombre de formes que tu as coloriées sur chaque ligne.

   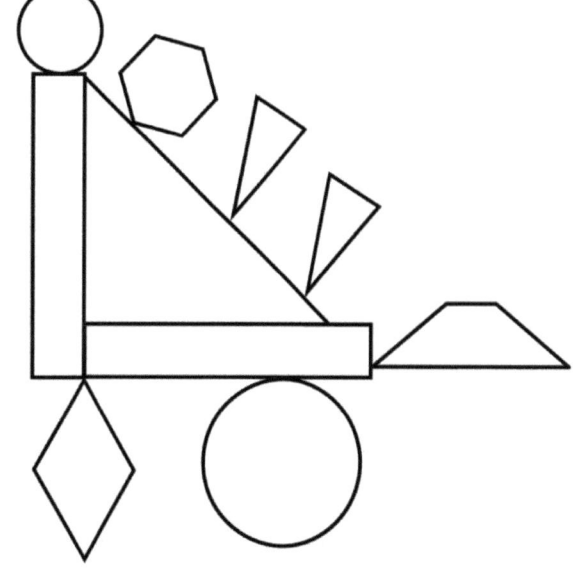

Légende
ROUGE 3 côtés droits : _____
BLEU 4 côtés droits : _____
VERT 6 côtés droits : _____
JAUNE 0 côtés droits : _____

2.
   a. Un **triangle** a ____ côtés droits et ____ coins.

   b. J'ai colorié ____ triangles.

3.
   a. Un **hexagone** a ____ côtés droits et ____ coins.

   b. J'ai colorié ____ hexagones.

4.
   a. Un **cercle** a ____ côtés droits et ____ coins.

   b. J'ai colorié ____ cercles.

5.
   a. Un **losange** a ____ côtés droits de même longueur et ____ coins.

   b. J'ai colorié ____ losanges.

6. Un **rectangle** est une forme fermée avec 4 côtés droits et 4 coins carrés.

   a. Raie la forme qui N'est PAS un rectangle.

   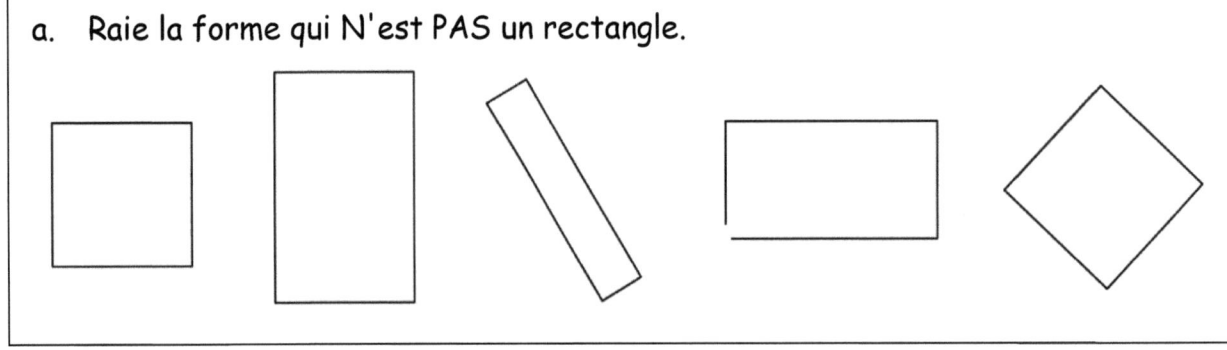

   b. Explique ton raisonnement : _____
   _____

7. Un **losange** est une forme fermée avec 4 côtés droits de la même longueur.

   a. Raie la forme qui N'est PAS un losange.

   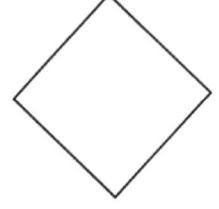  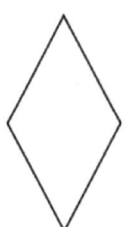 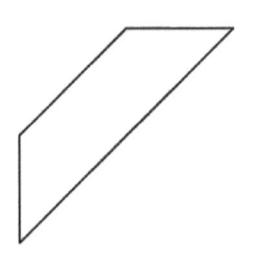

   b. Explique ton raisonnement : _____
   _____

1. Pars à la chasse au trésor à la recherche de formes 3-dimensionnelles. Cherche des objets qui s'ajusteraient dans le tableau ci-dessous.

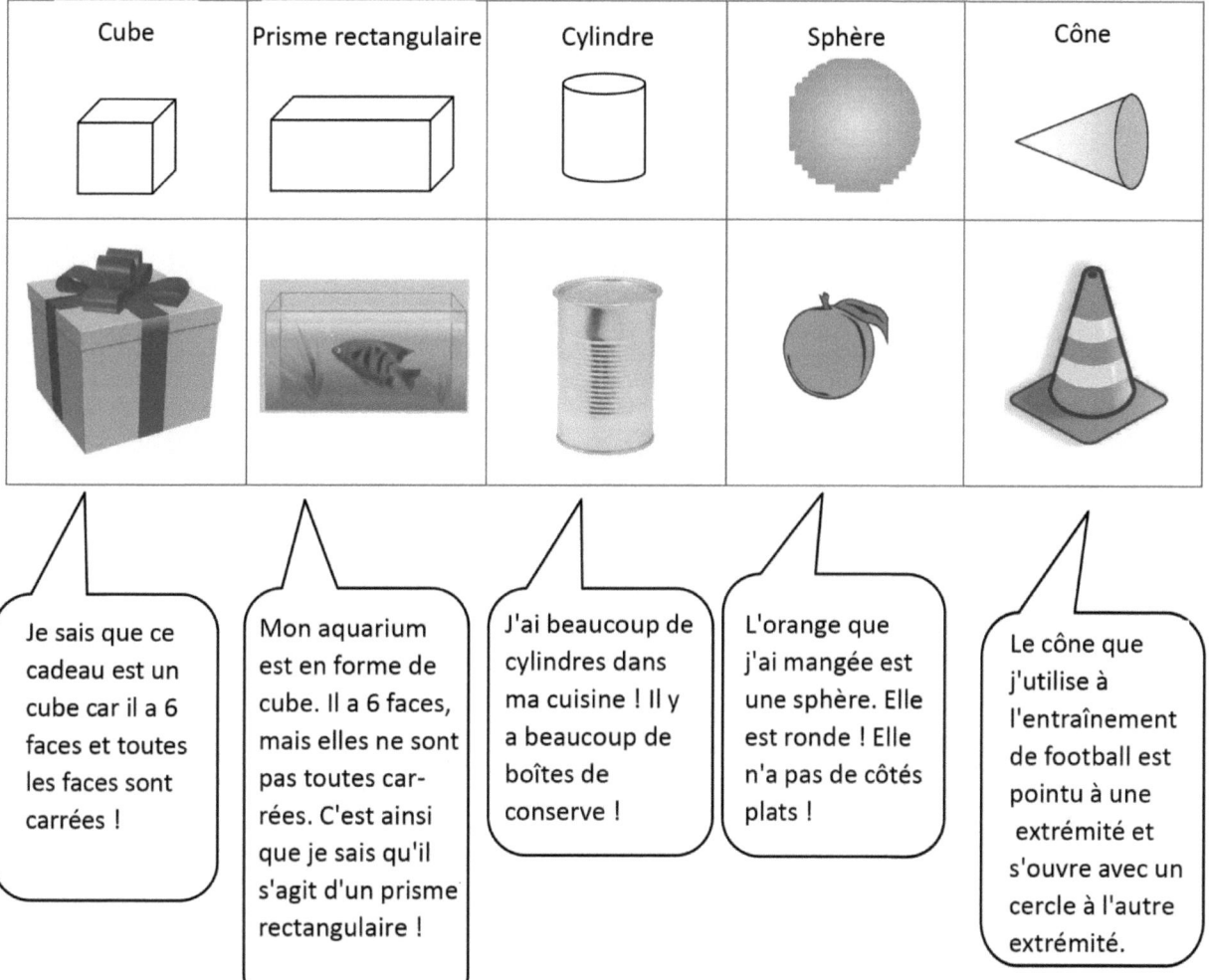

Nom _____ Date _____

1. Pars à la chasse au trésor à la recherche de formes 3-dimensionnelles. Cherche des objets chez toi qui s'ajusteraient dans le tableau ci-dessous. Tente de trouver au moins quatre objets pour chaque forme.

Cube 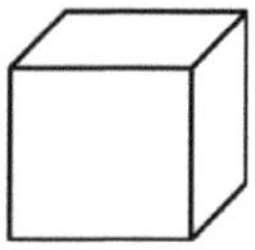	Prisme rectangulaire 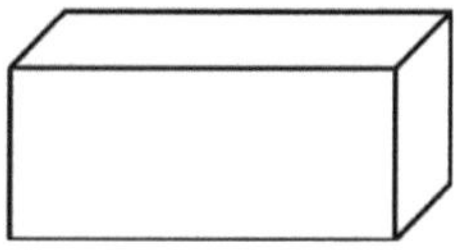	Cylindre 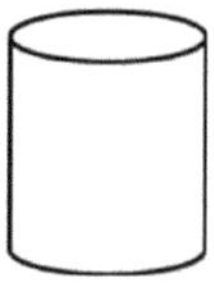	Sphère	Cône 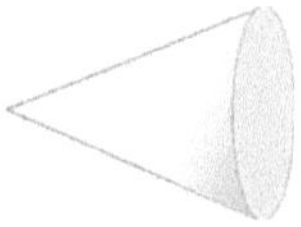

Leçon 3 : Trouver et nommer des formes tri-dimensionnelles y compris les cônes et prismes rectangulaires, sur base de leurs attributs caractéristiques de faces et de points.

2. Choisis un objet de chaque colonne. Explique comment tu sais quel objet appartient à cette colonne. Si nécessaire, utilise la banque de mots.

Banque de mots

| faces | entoure | carré | rouler | six |
| côtés | rectangulaire | point | plat | |

a. Je mets _____ dans la colonne des cubes parce que
   _____.

b. Je mets _____ dans la colonne des cylindres parce que
   _____.

c. Je mets _____ dans la colonne des sphères parce que
   _____.

d. Je mets _____ dans la colonne des cônes parce que
   _____.

e. Je mets _____ dans la colonne des prismes rectangulaires
   parce que _____.

UNE HISTOIRE D'UNITÉS | Leçon 4 Aide aux devoirs | 1•5

1. Découpe les formes du bloc de motifs depuis le bas de la page. Colorie-les pour concorder avec la légende, qui est différente des couleurs du bloc de motifs en classe. Trace ou dessine pour montrer ce que tu as fait.

| Hexagone—violet | Triangle—orange | Losange—rose | Trapèze—brun |

Utilise 3 losanges pour faire un hexagone.

Utilise 1 trapèze, 1 losange, et 1 triangle pour faire 1 hexagone.

Je peux faire une forme plus grande, ou une forme composite, en assemblant des formes plus petites!

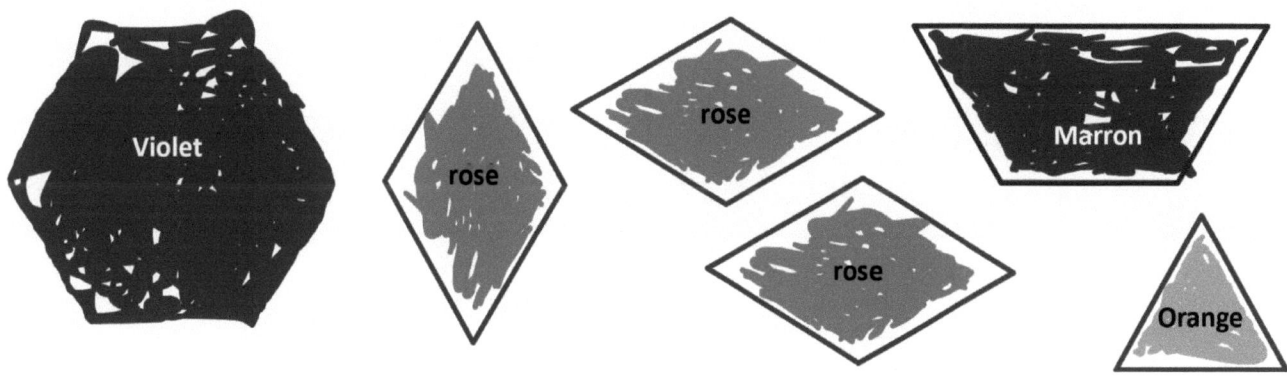

Leçon 4 : Créer des formes composées à partir de formes bi-dimensionnelles.

2. Combien de carrés plus petits vois-tu dans ce carré ?

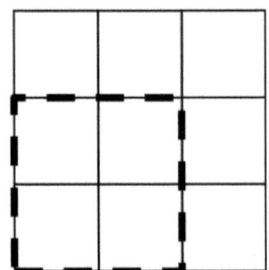

Je peux trouver ___13___ carrés dans ce grand carré.

> Je sais que chaque petit carré individuel compte pour 1, donc cela fait 9. Il y a aussi 4 carrés moyens qui sont constitués de 4 petits carrés, donc en tout cela fait 13.

Leçon 4 : Créer des formes composées à partir de formes bi-dimensionnelles.

UNE HISTOIRE D'UNITÉS   Leçon 4 Devoirs   1•5

Nom _____   Date _____

Découpe les formes du bloc de motifs depuis le bas de la page. Colorie-les pour concorder avec la clé qui est différente du motif des couleurs de bloc en classe. Trace ou dessine pour montrer ce que tu as fait.

| Hexagone—rouge   Triangle—bleu   Losange—jaune   Trapèze—vert |

1. Utilise 3 triangles pour créer 1 trapèze.

2. Utilise 3 triangles pour créer 1 trapèze, et ensuite ajoute 1 trapèze pour faire 1 hexagone.

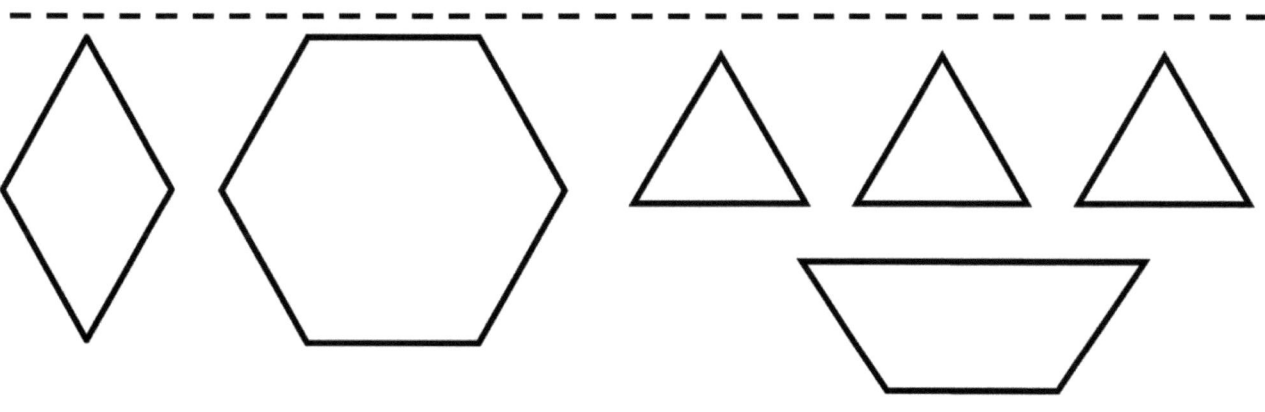

Leçon 4 :   Créer des formes composées à partir de formes bi-dimensionnelles.

3. Combien de carrés vois-tu dans ce grand carré ?

Je peux trouver _____ carrés dans ce rectangle.

Utilise tes pièces de tangram pour compléter les problèmes ci-dessous.

Dessine ou trace pour montrer les parties que tu as utilisées pour créer la forme.

1. Utilise 2 triangles pour faire un carré.

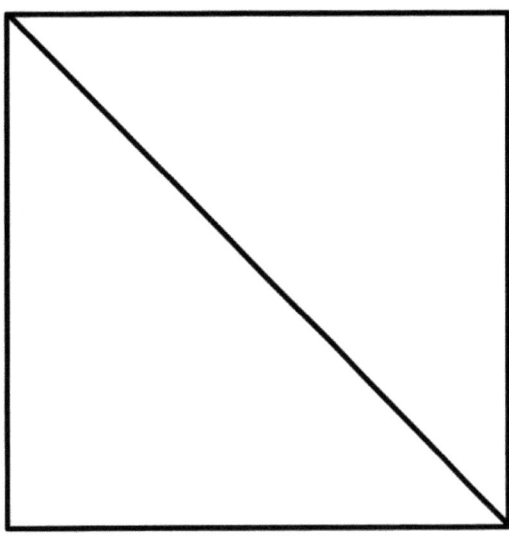

Je peux faire un carré avec deux triangles comme je le faisais en classe ! Je sais que si je plie un carré en deux en diagonale, cela fera deux triangles, donc je mets mes triangles ensemble avec les longs côtés qui se touchent, et cela fait un carré !

Leçon 5 : Composer une nouvelle forme avec des formes composées.

2. Utilise le carré que tu as créé et un triangle pour faire une maison.

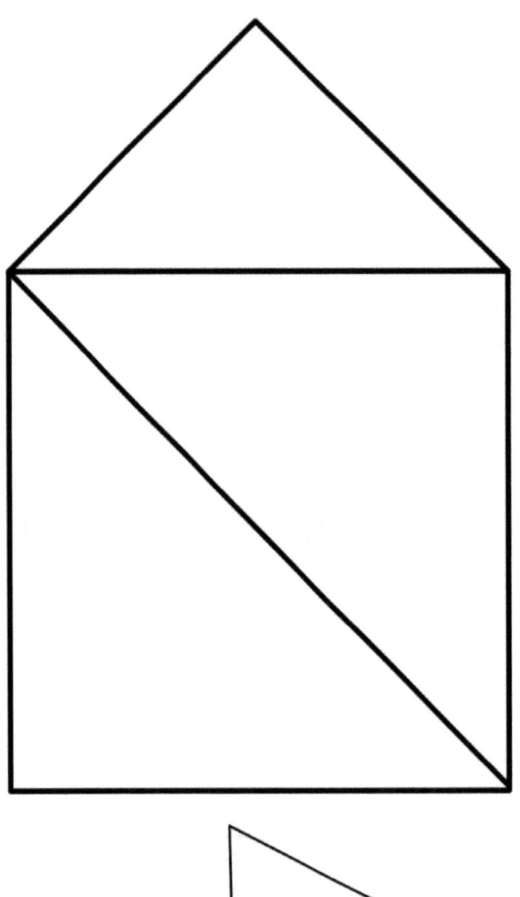

Je peux ajouter des éléments à mon carré pour faire une maison. Je prends juste le petit triangle de mes pièces de tangram et je le mets sur le dessus pour faire un toit !

Nom _____   Date _____

1. Découpe toutes les pièces du tangram de la feuille séparée fournie.

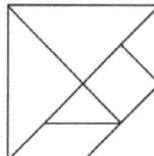

2. Dis à un membre de ta famille le nom de chaque forme.

3. Suis les instructions pour créer chaque forme ci-dessous. Dessine ou trace pour montrer les parties que tu as utilisées pour créer la forme.

   a. Utilise 2 pièces de tangram pour créer 1 triangle.

   b. Utilise 1 carré et 1 triangle pour créer 1 trapèze.

   c. Utilise une pièce de plus pour changer le trapèze en un rectangle.

4. Crée un animal avec toutes tes pièces. Dessine ou trace pour montrer les pièces que tu as utilisées. Étiquette ton dessin avec le nom de l'animal.

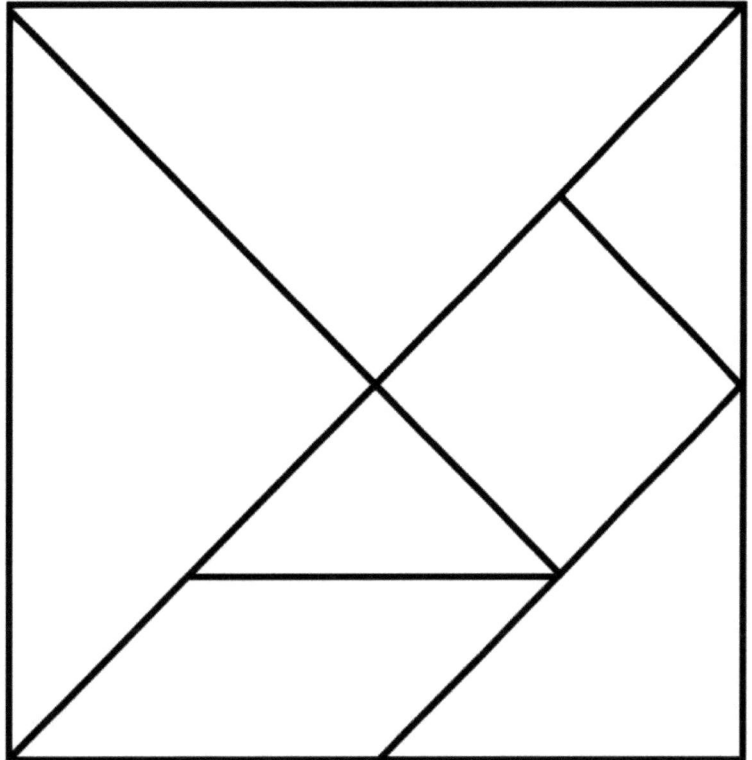

tangram

Leçon 5 : Composer une nouvelle forme avec des formes composées.

Utilise quelques formes en 3 dimensions pour créer une structure. Demande à quelqu'un à la maison de prendre une photo de ta structure.

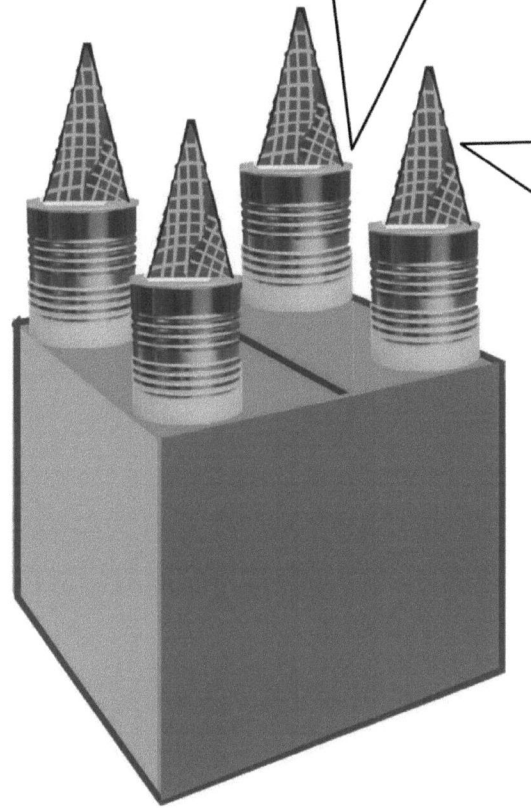

J'ai fait un château ! J'ai commencé par poser un gros cube sur le sol. Le cube est une boîte en carton !

J'ai utilisé 4 cylindres pour faire le bas de chaque tour. J'ai utilisé des boîtes de soupe pour les cylindres. Je mets chaque cylindre sur un coin du cube.

J'ai utilisé 4 cônes pour rendre chaque tour pointue à son sommet ! J'ai utilisé des cornets de glace pour les cones. Je mets chaque cône au dessus de chaque cylindre. J'ai fait un château !

Leçon 6 : Créer une forme composée à partir de formes tri-dimensionnelles et décrire la forme composée en utilisant les noms et positions de la forme.

Nom _____   Date _____

Utilise quelques formes 3-dimensionnelles pour créer une autre structure. Le tableau ci-dessous te donne quelques idées sur les objets que tu pourrais trouver à la maison. Tu peux utiliser des objets du tableau ou autres objets que tu pourrais avoir à la maison.

Cube 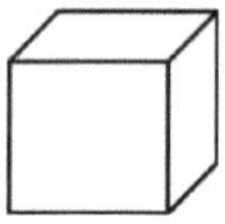	Prisme rectangulaire 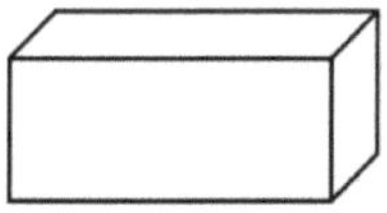	Cylindre 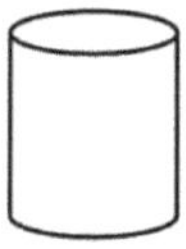	Sphère	Cône 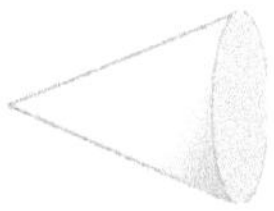
Bloc	Boîte d'aliments : céréales, macaronis au fromage, spaghetti, préparation pour gâteau, boîte de jus	Boîte de conserve : soupe, légumes, thon, beurre de cacahuètes	Balles : balle de tennis, balle en caoutchouc, ballon de basketball, ballon de foot	Cornet de glace
Dé	Boîte à mouchoirs	Rouleau de papier toilette ou d'essuie-tout	Fruit : orange, raisins, melon, prune, nectarine	Chapeau de fête
	Livre relié	Bâton de colle	Billes	Entonnoir
	DVD ou console de jeux vidéo			

Demande à quelqu'un à la maison de prendre une photo de ta structure. Si tu ne sais pas prendre une photo, essaie de dessiner ta structure ou écrire comment tu as construit la structure au dos de la feuille.

1. Les formes sont-elles divisées en parties égales ? Écris **Y** pour "yes" (oui) ou **N** pour non. Si la forme a des parties égales, écris combien de parties égales il y a sur la ligne.

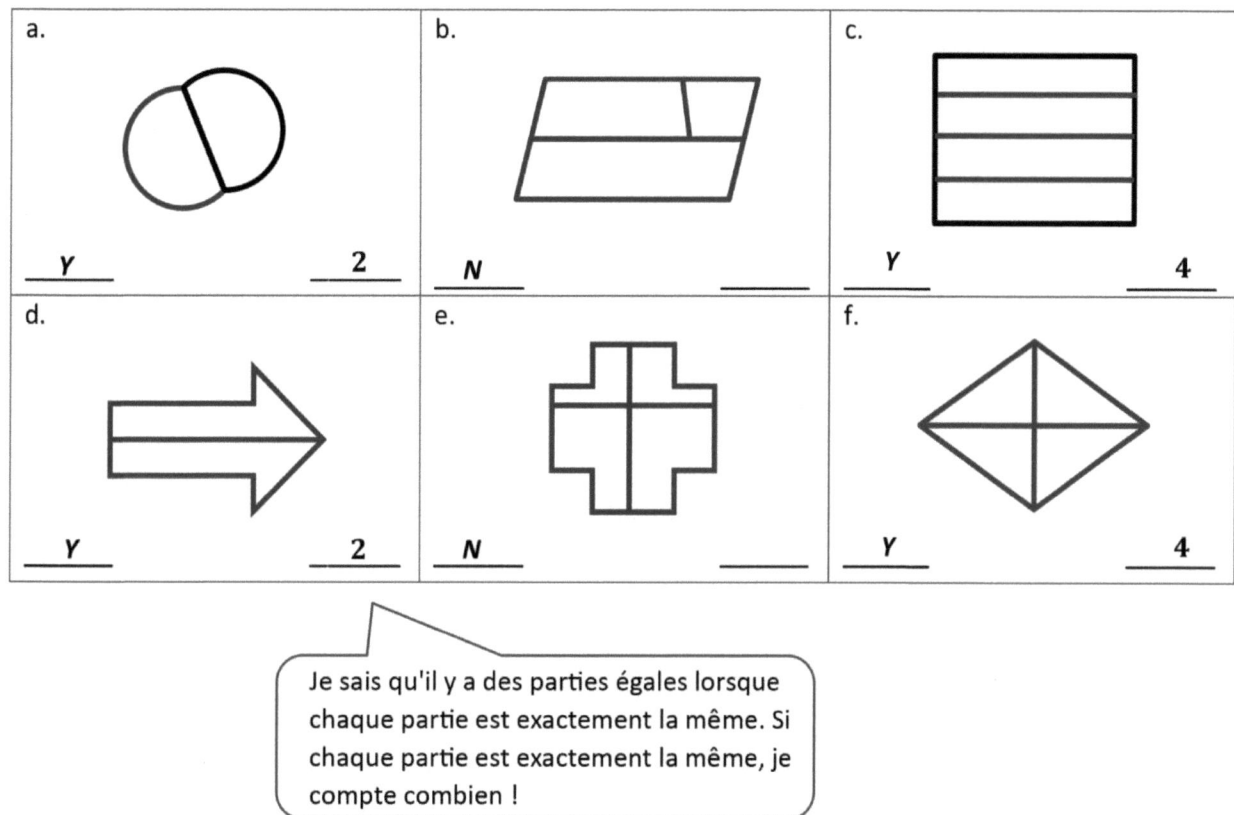

Je sais qu'il y a des parties égales lorsque chaque partie est exactement la même. Si chaque partie est exactement la même, je compte combien !

2. Dessine 1 ligne pour faire 2 parties égales. Quelles formes plus petites as-tu créées ?

Je peux faire 2 parties égales de différentes manières. Je peux faire 2 rectangles ou 2 triangles.

J'ai fait 2 *rectangles*.

3. Dessine 2 lignes pour faire 4 parties égales. Quelles formes plus petites as-tu créées ?

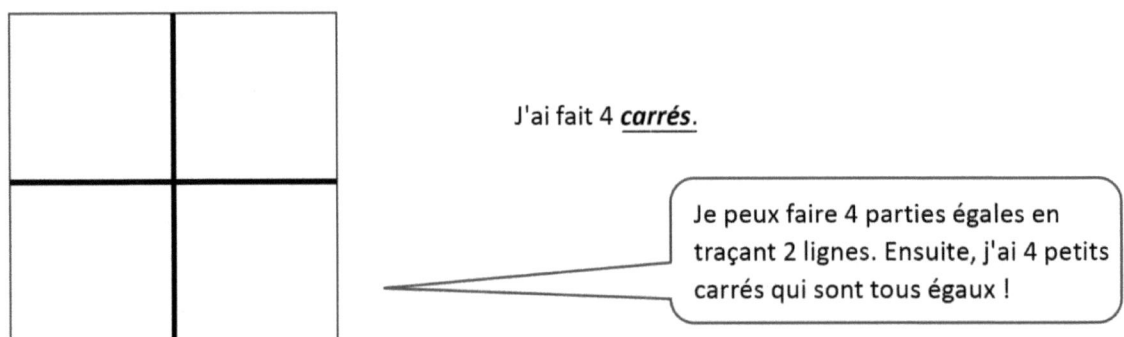

J'ai fait 4 *carrés*.

Je peux faire 4 parties égales en traçant 2 lignes. Ensuite, j'ai 4 petits carrés qui sont tous égaux !

4. Dessine des lignes pour faire 6 parties égales. Quelles formes plus petites as-tu créées ?

J'ai fait 6 ___*rectangles*___.

UNE HISTOIRE D'UNITÉS   Leçon 7 Devoirs 1•5

Nom _____   Date _____

1. Les formes sont-elles divisées en parties égales ? Écris **Y** pour "yes" (oui) ou **N** pour non. Si la forme a des parties égales, écris combien de parties égales il y a sur la ligne. Le premier a été fait pour toi.

a. O Y 2	b. M ___ ___	c. Y ___ ___
d. ___ ___	e. ___ ___	f. ___ ___
g. ___ ___	h. ___ ___	i. ___ ___
j. ___ ___	k. ___ ___	l. ___ ___
m. ___ ___	n. ___ ___	o. ___ ___

Leçon 7 : Nommer et compter des formes comme des parties d'un tout, en reconnaissant les tailles relatives des parties.

2. Dessine 1 ligne pour créer 2 parties égales. Quelles formes plus petites as-tu créées ?

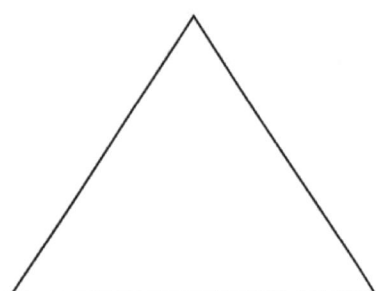

J'ai fait 2 _____.

3. Dessine 2 lignes pour créer 4 parties égales. Quelles formes plus petites as-tu créées ?

J'ai fait 4 _____.

4. Dessine des lignes pour créer des parties égales. Quelles formes plus petites as-tu créées ?

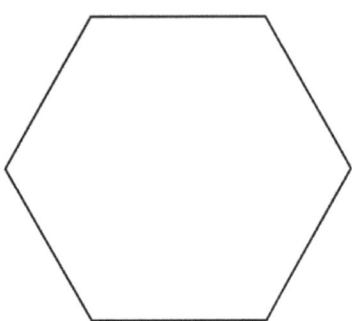

J'ai fait 6 _____.

1. Entoure les mot(s) correct(s) pour dire comment chaque forme est divisée.

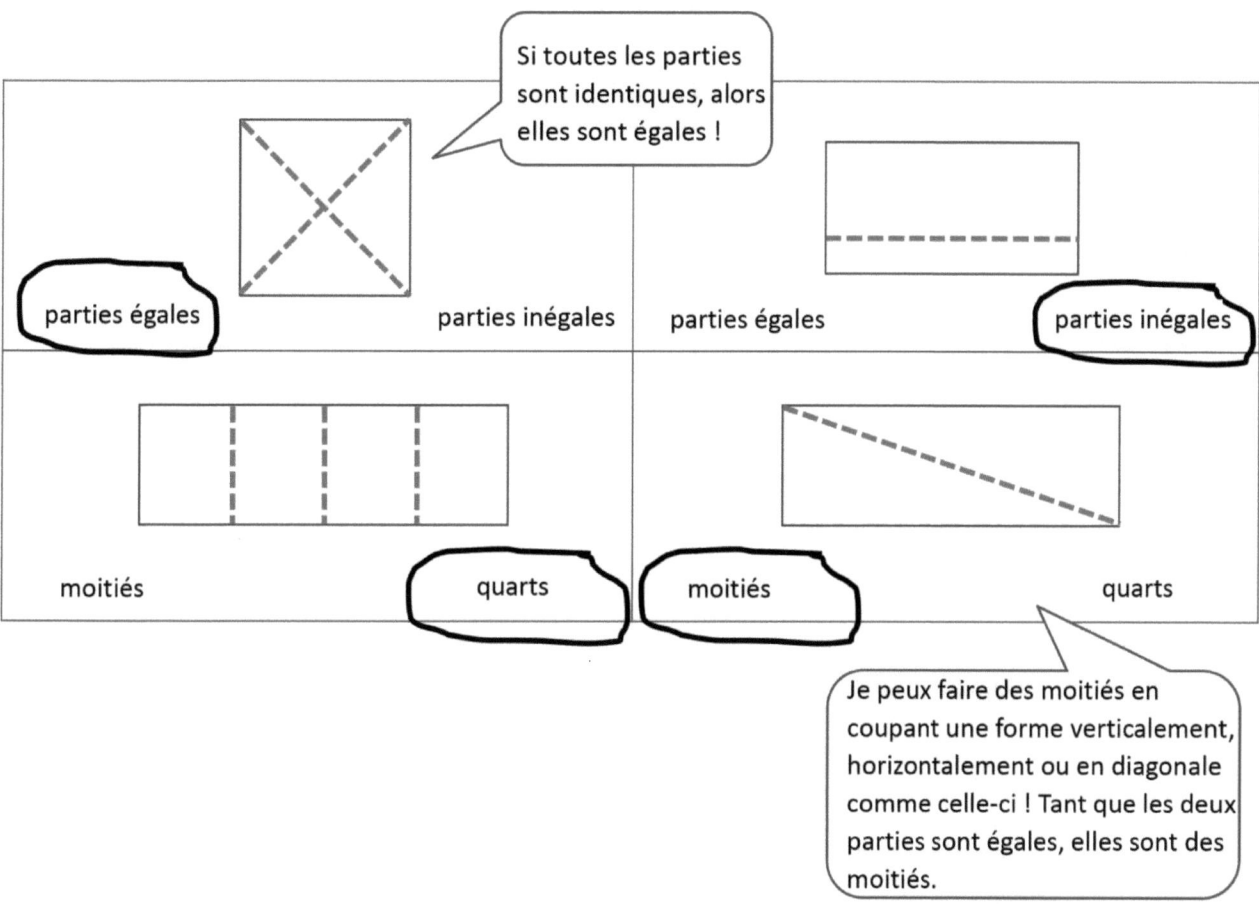

2. Quelle partie de la forme est grisée ? Entoure la réponse correcte.

a.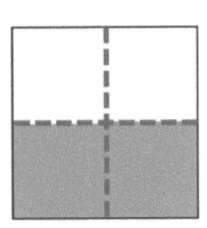

(1 moitié)   1 quartier

> Bien que cette forme comporte 4 parties égales, 2 d'entre elles sont ombrées. Je peux voir que la moitié de la forme est ombragée.

b.

1 moitié   (1 quartier)

3. Colorie 1 quart de chaque forme.

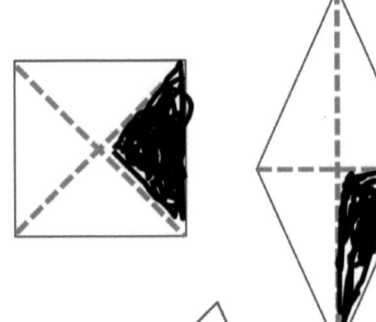

> Pour colorer un quartier, je ne colorie qu'une des 4 parties égales !

4. Colorie 1 moitié de chaque forme.

 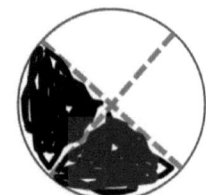

> Pour colorer une moitié, je ne colorie qu'une des deux parties égales !

> Pour colorier une moitié de cette forme, je dois colorier 2 des 4 parties égales.

Leçon 8 : Partager des formes et identifier les moitiés et les quarts de cercles et de rectangles.

UNE HISTOIRE D'UNITÉS Leçon 8 Devoirs 1•5

Nom _____ Date _____

1. Entoure les mot(s) correct(s) pour dire comment chaque forme est divisée.

a. parties égales parties inégales	b. parties égales parties inégales
c. moitiés quarts	d. moitiés quarts
e. moitiés quarts	f. quarts moitiés
g. quarts moitiés	h. moitiés quarts

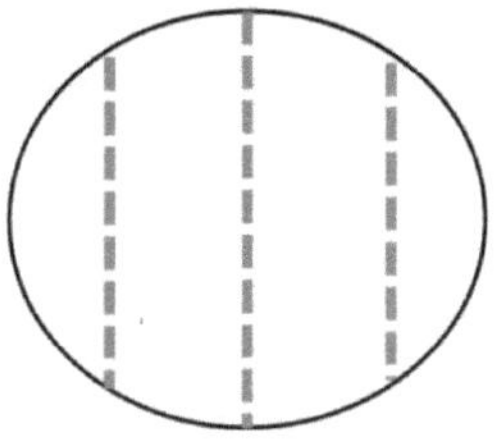

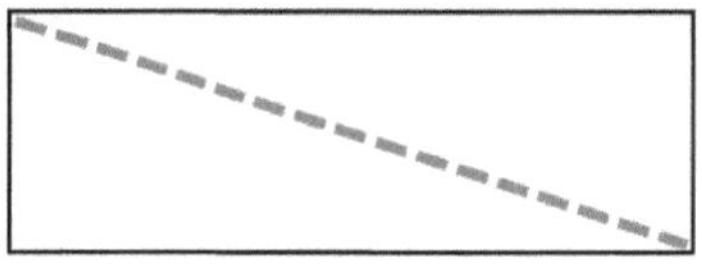

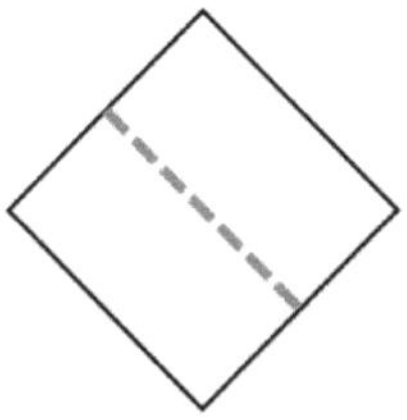

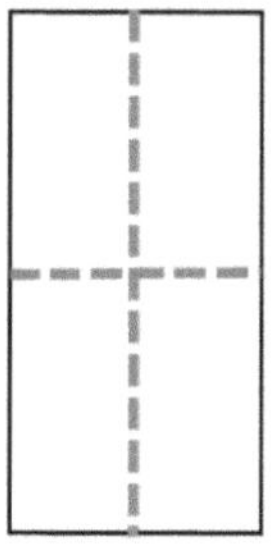

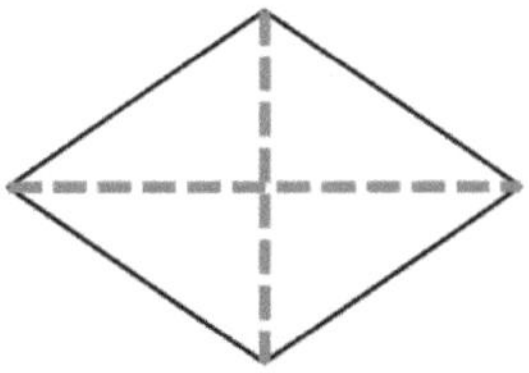

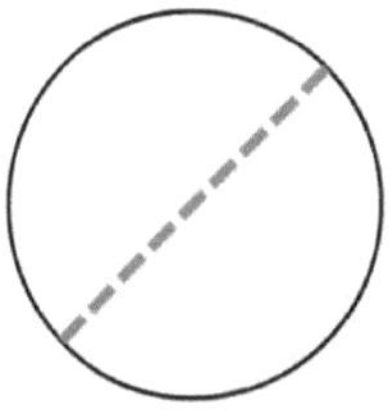

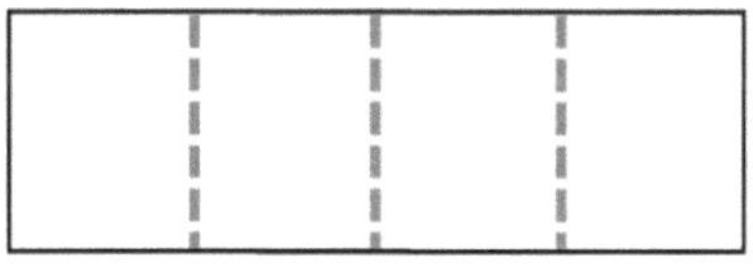

Leçon 8 : Partager des formes et identifier les moitiés et les quarts de cercles et de rectangles.

157

2. Quelle partie de la forme est grisée ? Entoure la réponse correcte.

a.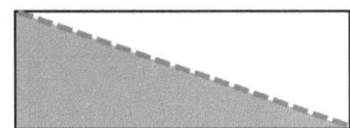

1 moitié   1 quartier

b.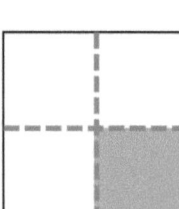

1 moitié   1 quartier

c.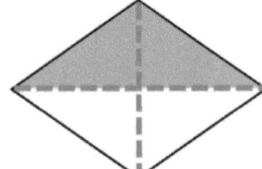

1 moitié   1 quartier

d.

1 moitié   1 quartier

3. Colorie 1 quart de chaque forme.

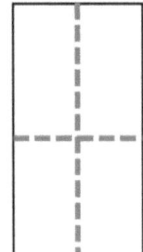 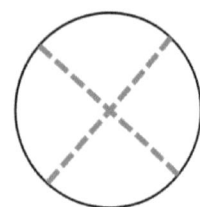

4. Colorie 1 moitié de chaque forme.

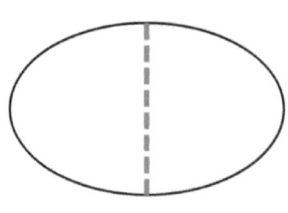 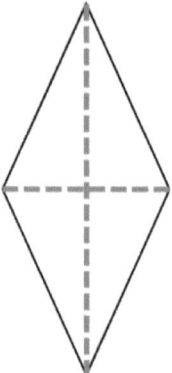

1. Étiquette la partie grisée de chaque image comme une moitié de la forme ou un quart de la forme.

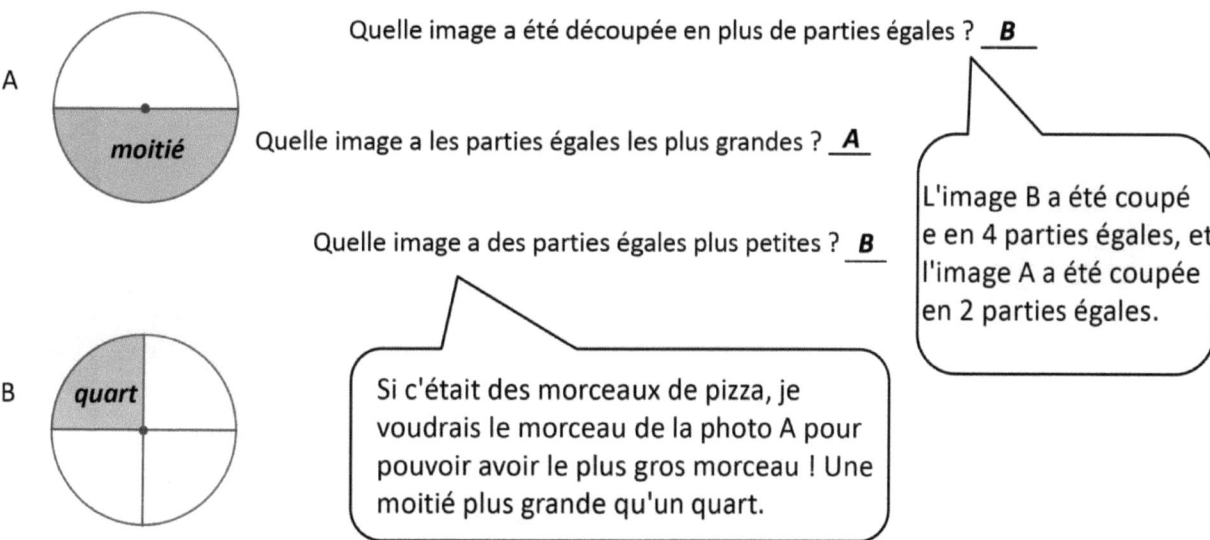

2. Écris si la partie grisée de chaque forme représente une moitié ou un quart.

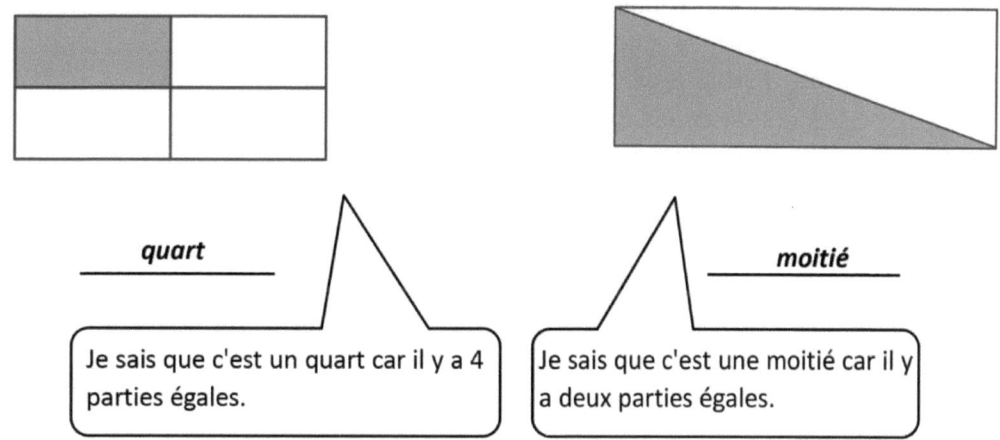

UNE HISTOIRE D'UNITÉS
Leçon 9 Aide aux devoirs 1•5

3. Colorie la partie de la forme pour concorder avec son étiquette. Entoure le groupe de mots qui rendrait l'énoncé vrai.

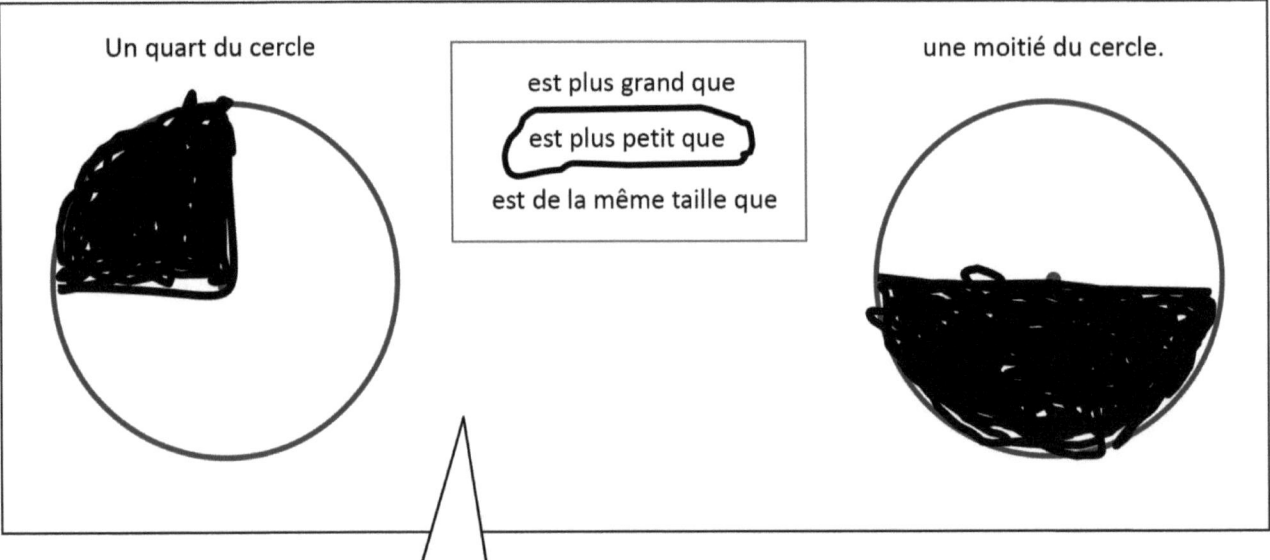

Un quart du cercle   est plus grand que   une moitié du cercle.
(est plus petit que)
est de la même taille que

Un quart est inférieur à la moitié. Si vous coupez une forme en quartiers, vous la coupez en 4 parties égales. Si vous coupez une forme en deux, vous ne faites que deux parties égales. Plus les parties sont égales, plus la taille des parties est petite.

Leçon 9 : Partager des formes et identifier les moitiés et les quarts de cercles et de rectangles.

UNE HISTOIRE D'UNITÉS   Leçon 9 Devoirs   1•5

Nom _____   Date _____

1. Étiquette la partie grisée de chaque image comme une moitié de la forme ou un quart de la forme.

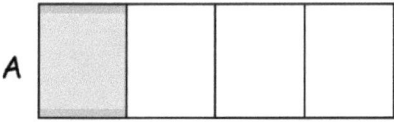
A

Quelle image a été découpée en plus de parties égales ? ___

Quelle image a les parties égales les plus grandes ? ___

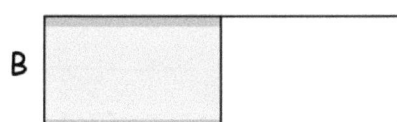
B

Quelle image a des parties égales plus petites ? ___

2. Écris si la partie grisée de chaque forme est une moitié ou un quart.

a.
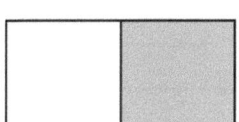

_____   _____

b.
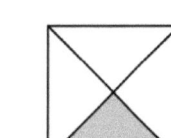   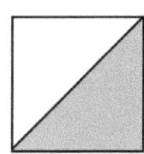

_____   _____

c.
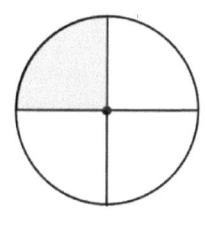

_____   _____

d.
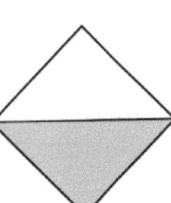   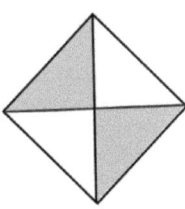

_____   _____

Leçon 9 : Partager des formes et identifier les moitiés et les quarts de cercles et de rectangles.

3. Colorie la partie de la forme pour concorder avec son étiquette. Entoure le groupe de mot qui rendrait l'énoncé vrai.

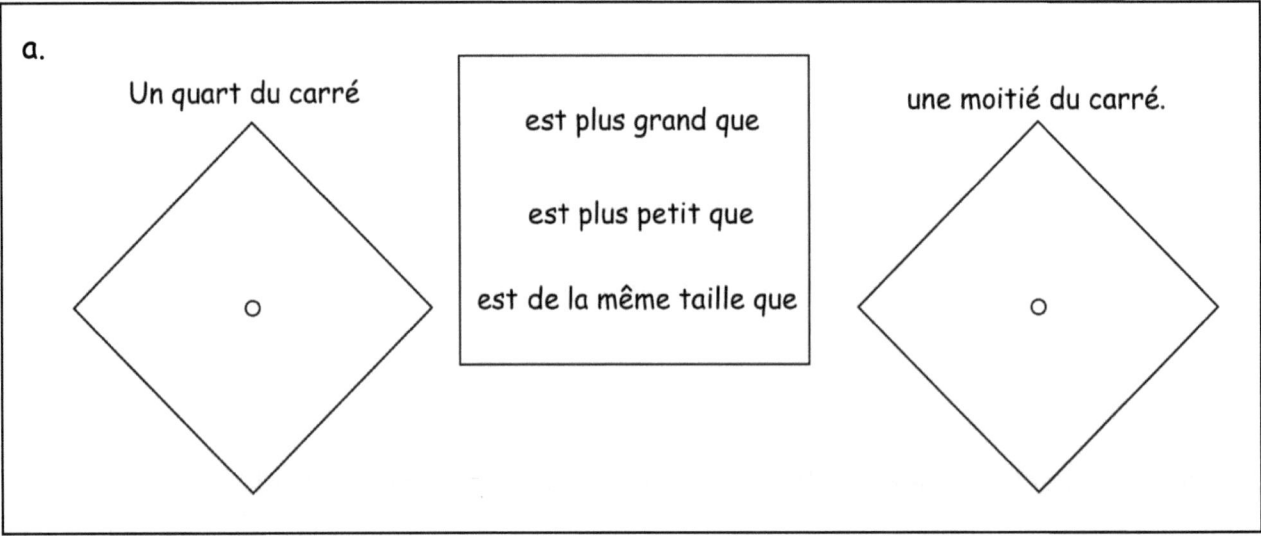

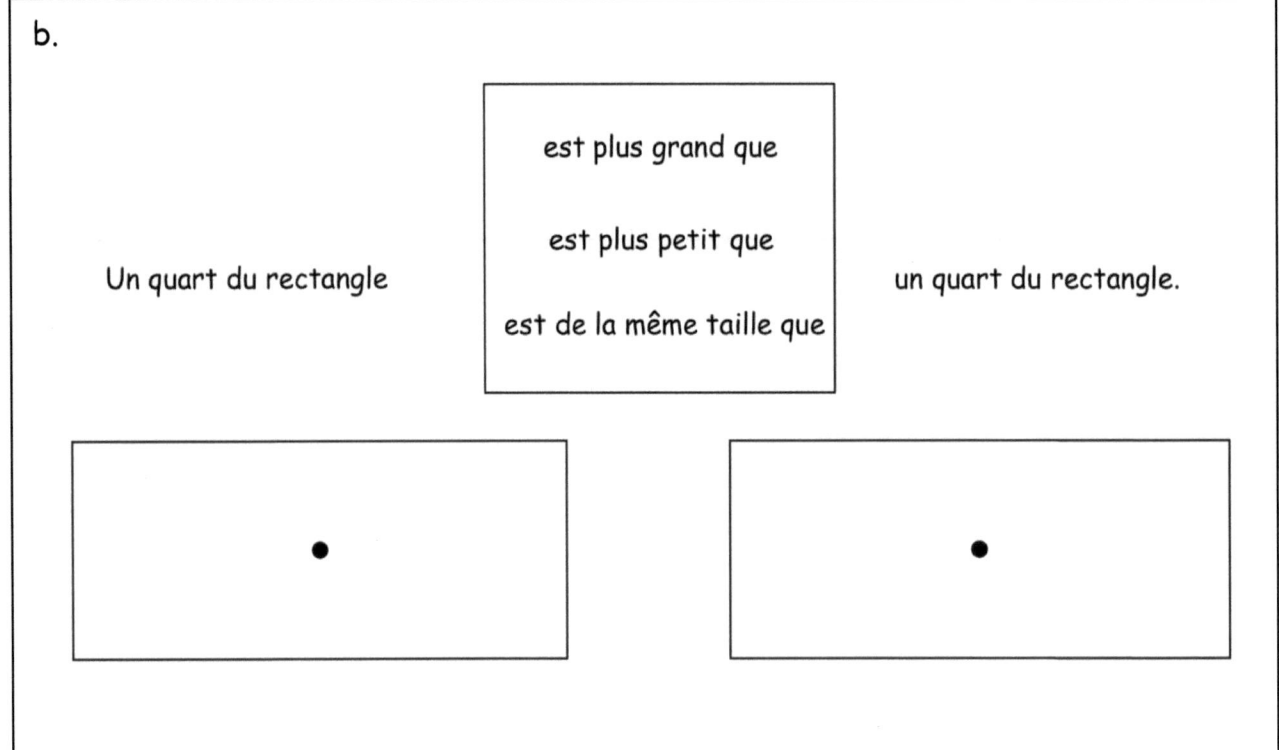

1. Relie chaque horloge à l'heure qu'elle indique.

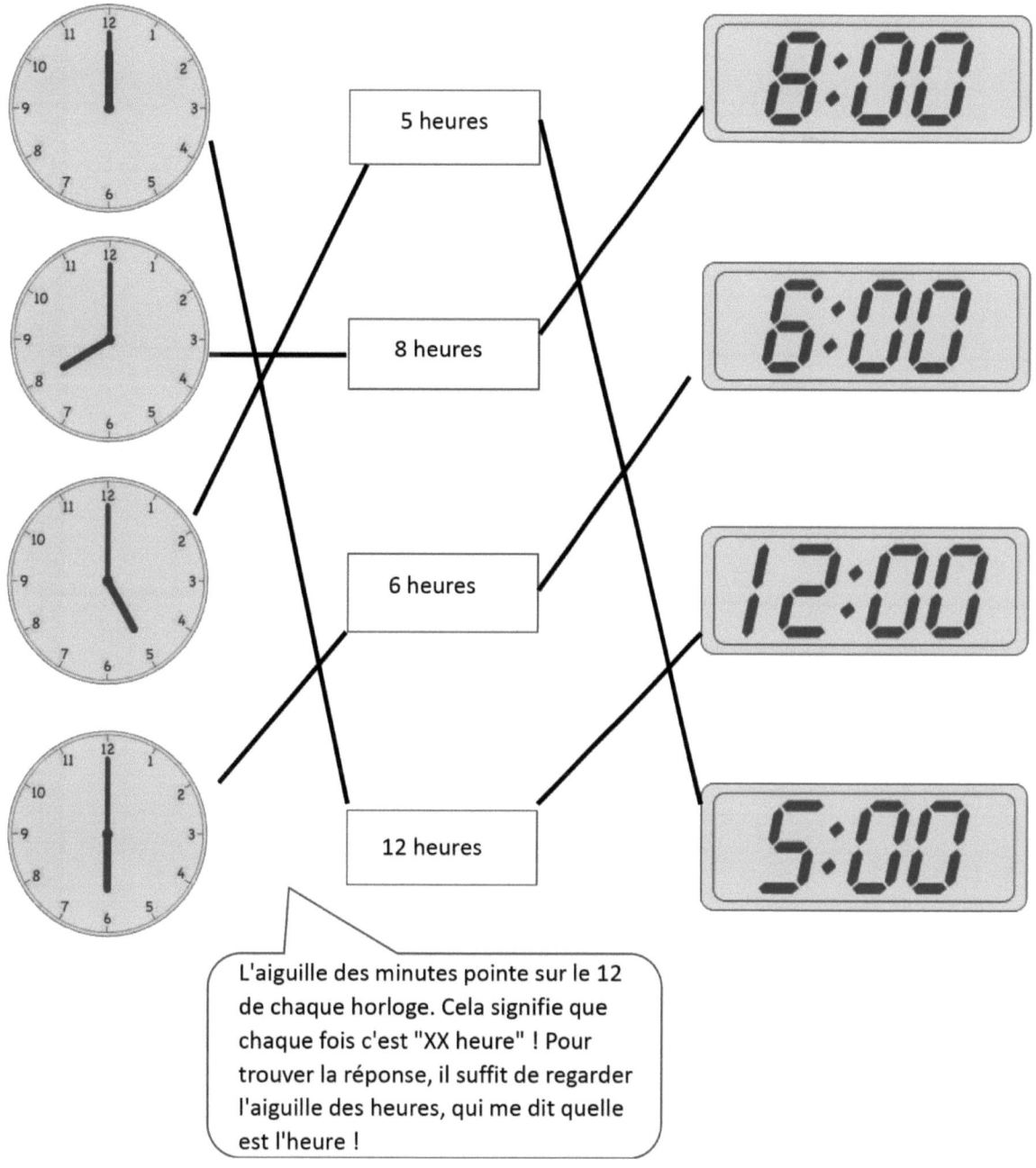

L'aiguille des minutes pointe sur le 12 de chaque horloge. Cela signifie que chaque fois c'est "XX heure" ! Pour trouver la réponse, il suffit de regarder l'aiguille des heures, qui me dit quelle est l'heure !

Leçon 10 : Construire une horloge en papier en partageant un cercle et dire l'heure.

UNE HISTOIRE D'UNITÉS   Leçon 10 Aide aux devoirs   1•5

2. Place l'aiguille des heures de l'horloge pour que l'horloge corresponde à l'heure. Ensuite, écris l'heure sur la ligne.

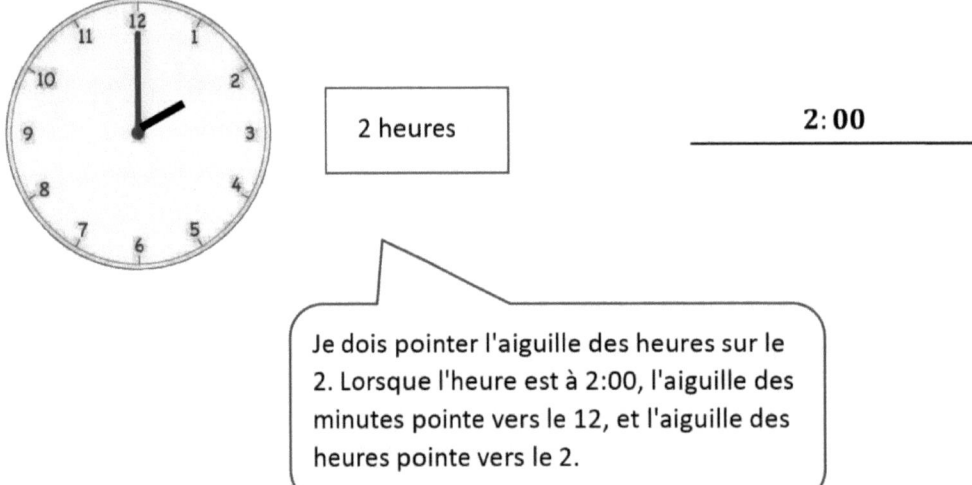

2 heures

2:00

Je dois pointer l'aiguille des heures sur le 2. Lorsque l'heure est à 2:00, l'aiguille des minutes pointe vers le 12, et l'aiguille des heures pointe vers le 2.

Leçon 10 : Construire une horloge en papier en partageant un cercle et dire l'heure.

Nom _____ Date _____

1. Relie chaque horloge à l'heure qu'elle indique.

a.

b.

4 heures

7 heures

c.

11 heures

d.

10 heures

3 heures

e.

2 heures

f.

Leçon 10 : Construire une horloge en papier en partageant un cercle et dire l'heure.

UNE HISTOIRE D'UNITÉS — Leçon 10 Devoirs 1•5

2. Place l'aiguille des heures de l'horloge pour que l'horloge corresponde à l'heure. Ensuite, écris l'heure sur la ligne.

a.  6 heures   6:00

b.  9 heures   _____

c.  12 heures _____

d.  7 heures   _____

e.  1 heure   _____

UNE HISTOIRE D'UNITÉS — Leçon 11 Aide aux devoirs — 1•5

1. Entoure l'horloge correcte.

   12 heures et 12 demie

   a.    b.    c.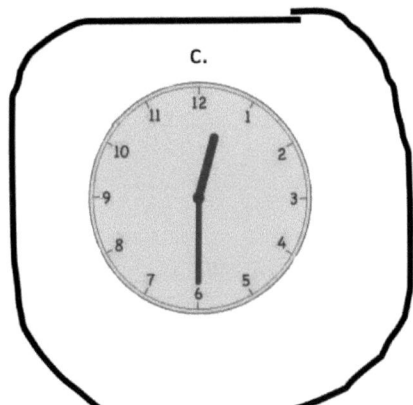

   Lorsque l'heure est à " et demie", l'aiguille des minutes sera toujours dirigée vers le bas, à mi-chemin de l'horloge, au niveau du 6. Toutes ces horloges ont l'aiguille des minutes pointant vers le 6, donc maintenant je trouve l'horloge avec l'aiguille des heures pointant juste après le 12.

   L'aiguille des heures n'est pas encore sur 1, donc je sais que l'heure est encore sur 12.

Leçon 11 : Repérer les moitiés sur une horloge analogique et dire l'heure à la demie.

2. Écris l'heure indiquée sur chaque horloge pour parler du samedi de Henry.

Henry se réveille à __8:30__.

Il va au parc à __11:30__.

Il rentre chez lui pour déjeuner à __1:30__.

Il fait une sieste à __2:30__.

> Je peux vérifier mon travail en me demandant si ma réponse est logique. Il ne serait pas logique qu'Henry déjeune à 8h30 du soir, par exemple.

Nom _____ Date _____

Entoure l'horloge correcte.

1. 2 heures et demie

    a.    b. 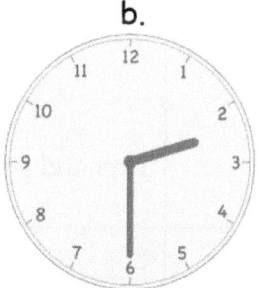   c.

2. 10 heures et demie

    a.    b. 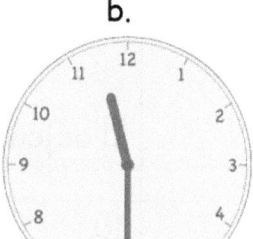   c.

3. 6 heures

    a.    b.    c.

4. 8 heures et demie

    a.    b.    c.

Leçon 11 : Repérer les moitiés sur une horloge analogique et dire l'heure à la demie.

Écris l'heure indiquée sur chaque horloge pour parler de la journée de Lee.

5.  Lee se réveille à _____.	6.  Il prend e bus pour aller à l'école à _____.
7.  Il a cours de math à _____.	8.  Il déjeune à _____.
9.  Il a entraînement de basket à _____.	10.  Il fait ses devoirs à _____.
11.  Il dîne à _____.	12.  Il va dormir à _____.

Écris l'heure indiquée sur l'horloge ou dessine les aiguille(s) manquante(s) sur l'horloge.

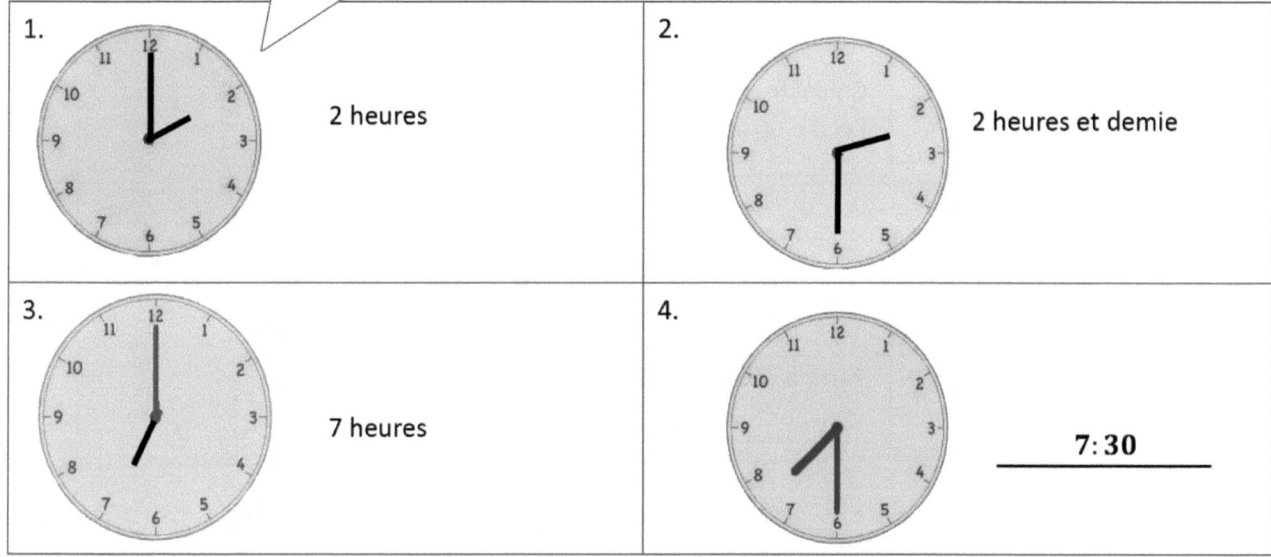

Quand l'heure est à "heures", je dessine l'aiguille des minutes pointant vers le 12.

1. 2 heures
2. 2 heures et demie
3. 7 heures
4. 7:30

Lorsque l'heure est à " et demie", l'aiguille des minutes sera toujours dirigée vers le bas, à mi-chemin de l'horloge, au niveau du 6.

5. Relie les images aux horloges.

Quand je regarde l'aiguille des heures, je peux dire si l'heure est "pile" ou "et demie" ! L'aiguille des heures doit pointer droit sur le chiffre lorsque l'heure est "pile" !

Cours de dessin après l'école 4:00

Partir à l'école à 7h30

Dîner à 6 heures du soir

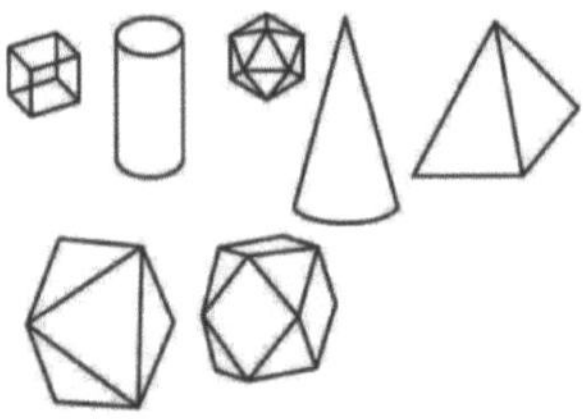

Cours de maths 9:30

Leçon 12 : Repérer les moitiés sur une horloge analogique et dire l'heure à la demie.

Nom _____ Date _____

Écris l'heure indiquée sur l'horloge ou dessine les aiguille(s) manquante(s) sur l'horloge.

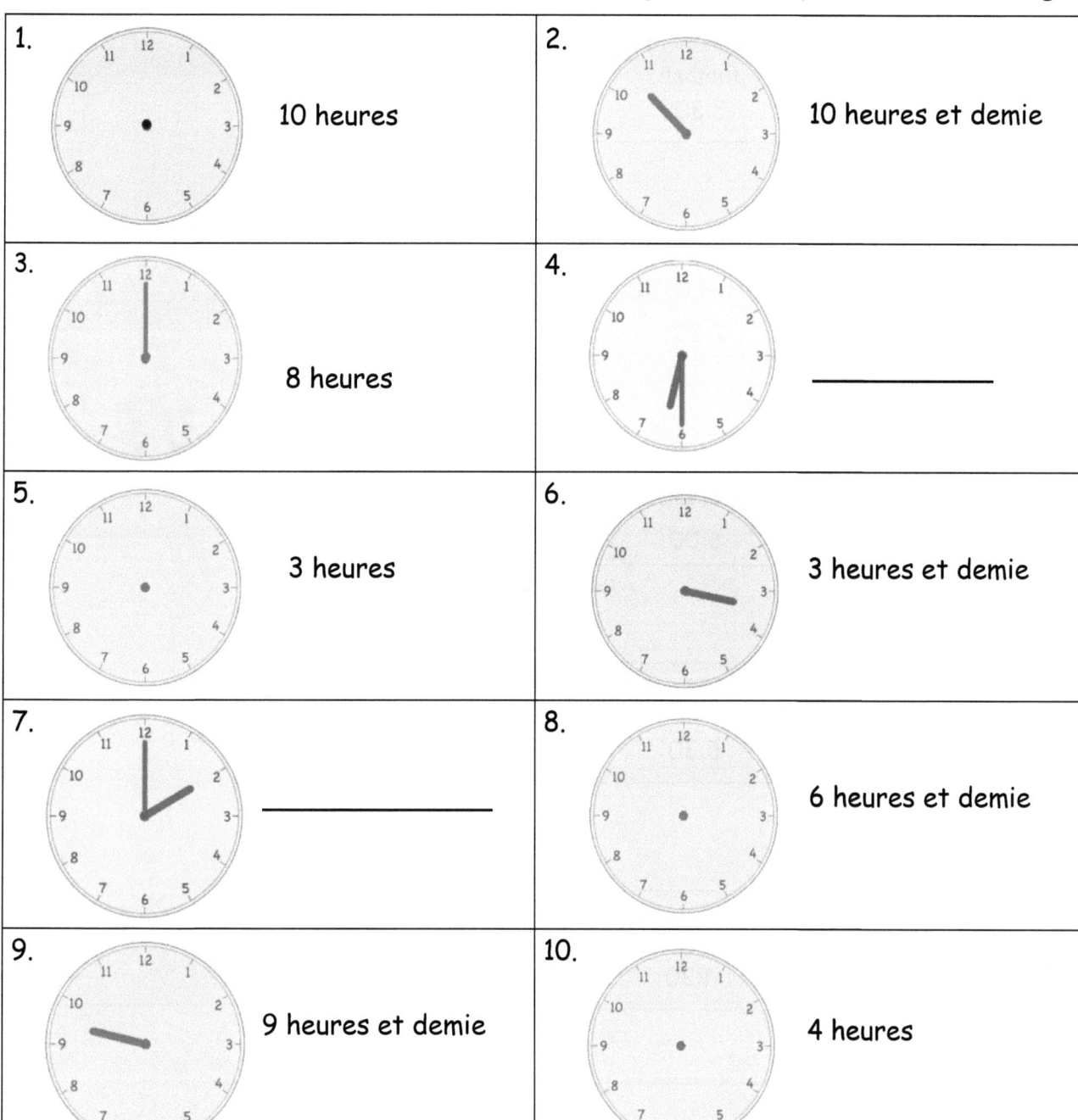

11. Relie les images aux horloges.

a.

Entraînement de football
3:30

b.

Se brosser les dents
7:30

c.

Faire la vaisselle
6:00

d.

Dîner
5:30

e.

Prendre le bus pour rentrer chez soi
4:30

f.

Devoirs à 6 heures et demie

1. Remplis les blancs.

A

B

L'horloge **B** indique cinq heures et demie.

L'horloge A indique 6 heures et demie. C'était facile parce qu'il est facile de lire une horloge numérique. Elle indique "cinq heure trente".

A

B

L'horloge **A** indique sept heures

Les deux horloges indiquent une heure qui est "o'clock", mais quand je regarde attentivement les aiguilles des heures, je vois que l'horloge B indique 6 heures, et l'horloge A indique 7 heures.

UNE HISTOIRE D'UNITÉS Leçon 13 Aide aux devoirs 1•5

2. Écris l'heure sur la ligne en dessous de l'horloge.

> Je sais aussi que si l'aiguille des heures est à mi-chemin entre deux chiffres, alors elle sera à la moitié de l'heure.

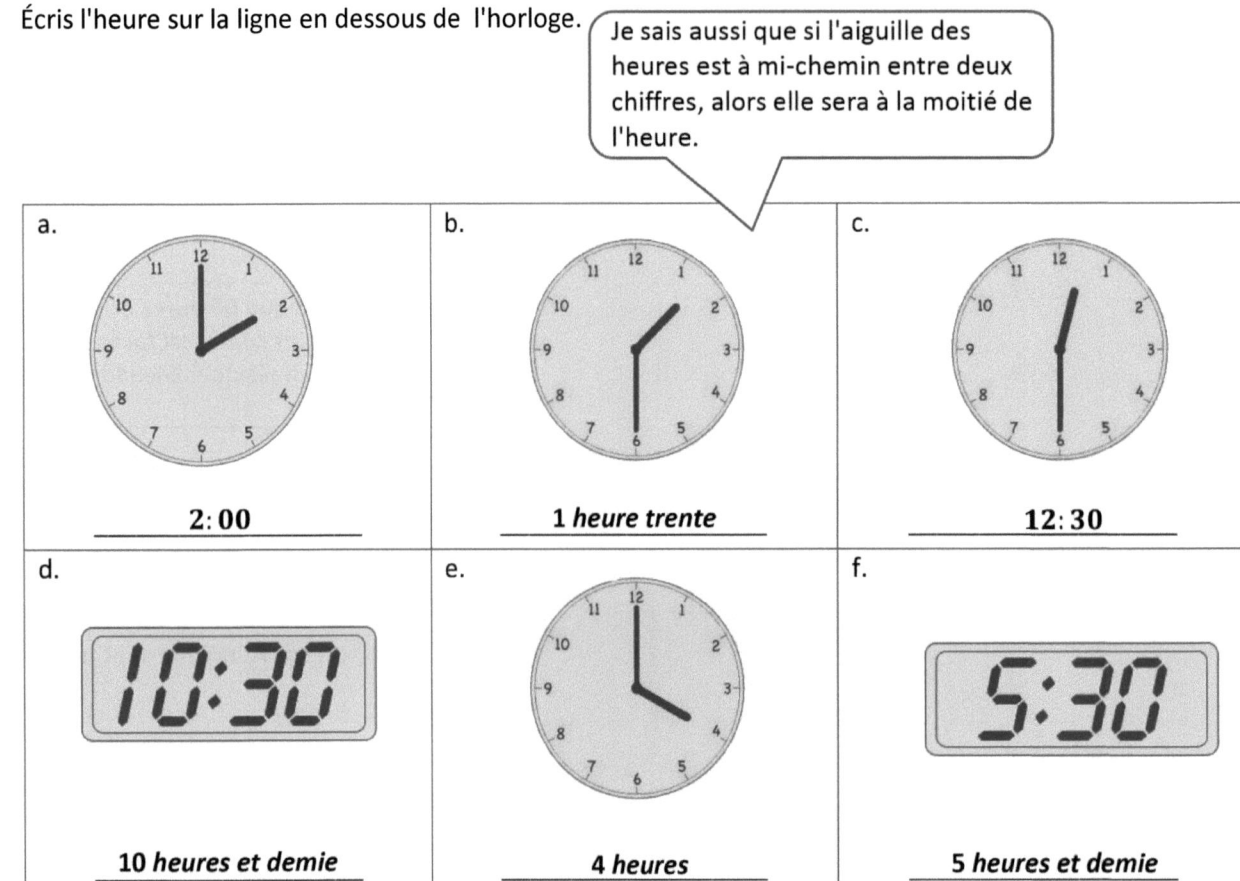

3. Mets un V (✓) à côté de l'(des) horloge(s) qui indique(nt) 11 heures.

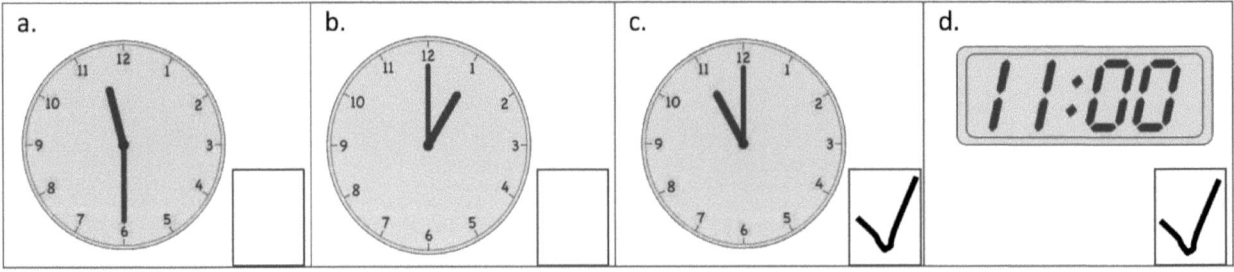

Leçon 13 : Repérer les moitiés sur une horloge analogique et dire l'heure à la demie.

Nom _____ Date _____

Remplis les blancs.

1. L'horloge _____ indique trois heures et demie.

2. L'horloge _____ indique douze heures et demie.

3. L'horloge _____ indique sept heures.

4. L'horloge _____ indique 8:30.

5. L'horloge _____ indique 5:00.

Leçon 13 : Repérer les moitiés sur une horloge analogique et dire l'heure à la demie.

6. Écris l'heure sur la ligne en dessous de l'horloge.

a. (horloge : 1:00)	b. (horloge : 10:30)	c. (horloge : 12:00)
d. 7:30	e. (horloge : 6:00)	f. (horloge : 3:30)
g. (horloge : 6:00 env., aiguilles sur 12 et 6... 6:00 ?)	h. 11:00	i. (horloge : 9:30)

7. Mets un V (✓) à côté de l' (des) horloge(s) qui indique(nt) 4 heures.

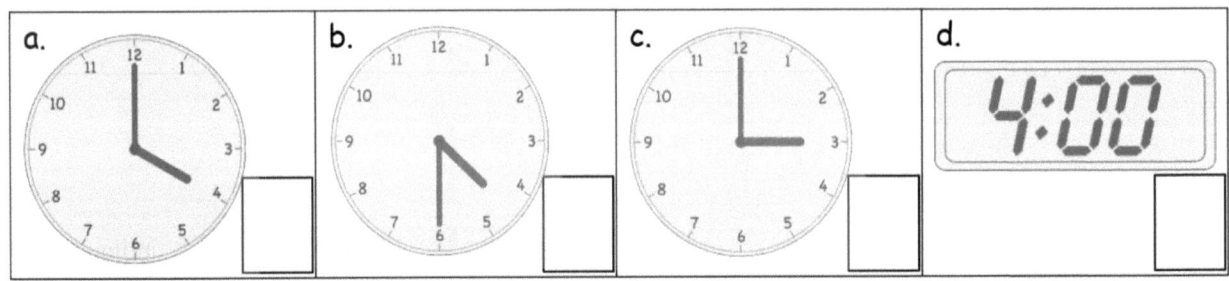

1ère année

Module 6

Module 6

| UNE HISTOIRE D'UNITÉS | Leçon 1 Aide aux devoirs | 1•6 |

Noah a mangé 7 bonbons. Sa sœur ainée Charlotte a mangé 15 bonbons. Combien de bonbons de plus Charlotte a-t-elle mangés?

> Je peux d'abord dessiner et étiqueter un diagramme en ruban pour représenter le nombre de dragées que Noah a mangées, 7. Je peux étiqueter ce diagramme en ruban avec la lettre N.

N | 7

> Ensuite, je peux dessiner et étiqueter un deuxième diagramme en bande juste en dessous pour représenter le nombre de bonbons que Charlotte a mangés, 15, et l'étiqueter avec la lettre C. Je vois que la cassette de Charlotte est plus longue que celle de Noah parce qu'elle a mangé plus de bonbons. Dessiner et étiqueter un diagramme à double bande comme celui-ci m'aide à comparer facilement les chiffres.

C | 7 | ?
— 15 —

> La bande de Noah en représente 7, donc cette partie de la bande de Charlotte en représente aussi 7.

> Cette partie de la cassette de Charlotte représente le nombre de bonbons supplémentaires qu'elle a mangés. Je peux écrire un point d'interrogation dans cette partie pour représenter l'inconnue.

$15 - 7 = \boxed{8}$

> Maintenant, je peux écrire une phrase de chiffres pour trouver l'inconnue. Il existe de nombreuses stratégies pour trouver l'inconnue. Je peux compter sur 7 pour arriver à 15. Je peux considérer ce problème comme 7 + ? = 15 pour obtenir 8. Mais, dans ce cas, je choisis d'utiliser la soustraction car elle est la plus efficace.

Charlotte a mangé 8 dragées de plus que Noah.

> Enfin, je dois écrire ma déclaration qui correspond à mon histoire. Cela m'aidera à vérifier ma réponse et à m'assurer qu'elle a un sens.

Leçon 1 : Résoudre des problèmes du type *comparer avec une différence inconnue*.

Nom _____ Date _____

Lis le problème.
Dessine un diagramme en bande ou un diagramme en double bande et étiquette.
Écris une phrase numérique et une déclaration qui correspondent à l'histoire.

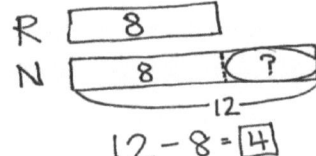

1. Fran a donné 11 de ses vieux livres à la bibliothèque. Darnel a donné 8 de ses vieux livres à la bibliothèque. Combien de livres Fran a-t-elle donnés de plus que Darnel ?

___

2. Durant la récréation, 7 élèves lisaient des livres. Il y avait 17 élèves qui jouaient dans la cour. Combien d'élèves en moins lisaient des livres que ceux qui jouaient dans la cour ?

Leçon 1 :   Résoudre des problèmes du type *comparer avec une différence inconnue*.

3. Maria a 18 ans. Son frère Nikil a 12 ans. De combien d'années Maria est-t-elle plus âgée que son frère Nikil ?

---

4. Il a plu pendant 15 jours au mois de mars. Il a plu 19 jours en avril. De combien de jours en plus a-t-il plu en avril qu'en mars?

1. Grace a utilisé 12 blocs pour construire une tour. Matt a utilisé 4 blocs de plus que Grace. Combien de blocs Matt a-t-il utilisés ?

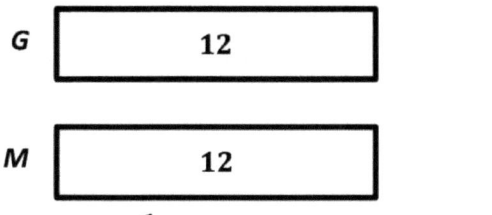
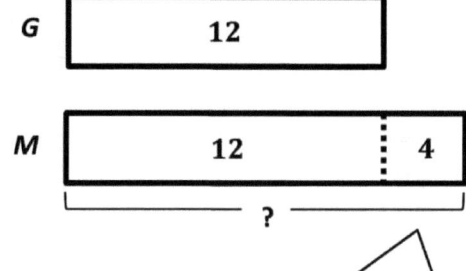

Je peux dessiner un diagramme à double bande pour représenter l'histoire. Tout d'abord, je peux dessiner un diagramme de bande qui représente le nombre de blocs, 12, que Grace a utilisés pour construire une tour et marquer sa bande avec la lettre G. Ensuite, je peux dessiner un deuxième diagramme sur bande pour représenter le nombre de blocs que Matt a utilisés pour construire sa tour et l'étiqueter avec la lettre M. Comme je ne sais pas encore combien de blocs Matt a utilisés pour sa tour, je peux commencer par dessiner et étiqueter son ruban de la même taille que celui de Grace.

L'histoire dit : "Matt a utilisé 4 blocs de plus que Grace." Donc, je dois dessiner une partie supplémentaire de la bande à côté de celle de Matt pour montrer qu'il a utilisé 4 blocs de plus que Grace. L'inconnu est le nombre total de blocs que Matt a utilisés. Je peux l'étiqueter avec un point d'interrogation.

Pour vérifier que j'ai bien dessiné et étiqueté toutes les informations connues et inconnues, je peux relire chaque partie de l'histoire. En lisant, je peux toucher la partie du diagramme à double bande qui correspond à ce que je dis.

$12 + 4 = \boxed{16}$

Matt a utilisé 16 blocs.

Je peux maintenant écrire une phrase chiffrée pour m'aider à trouver le nombre total de blocs et une affirmation qui répond à la question.

2. Susan a trouvé 9 coquillages de moins que John. John a trouvé 13 coquillages. Combien de coquillages Susan a-t-elle trouvés ?

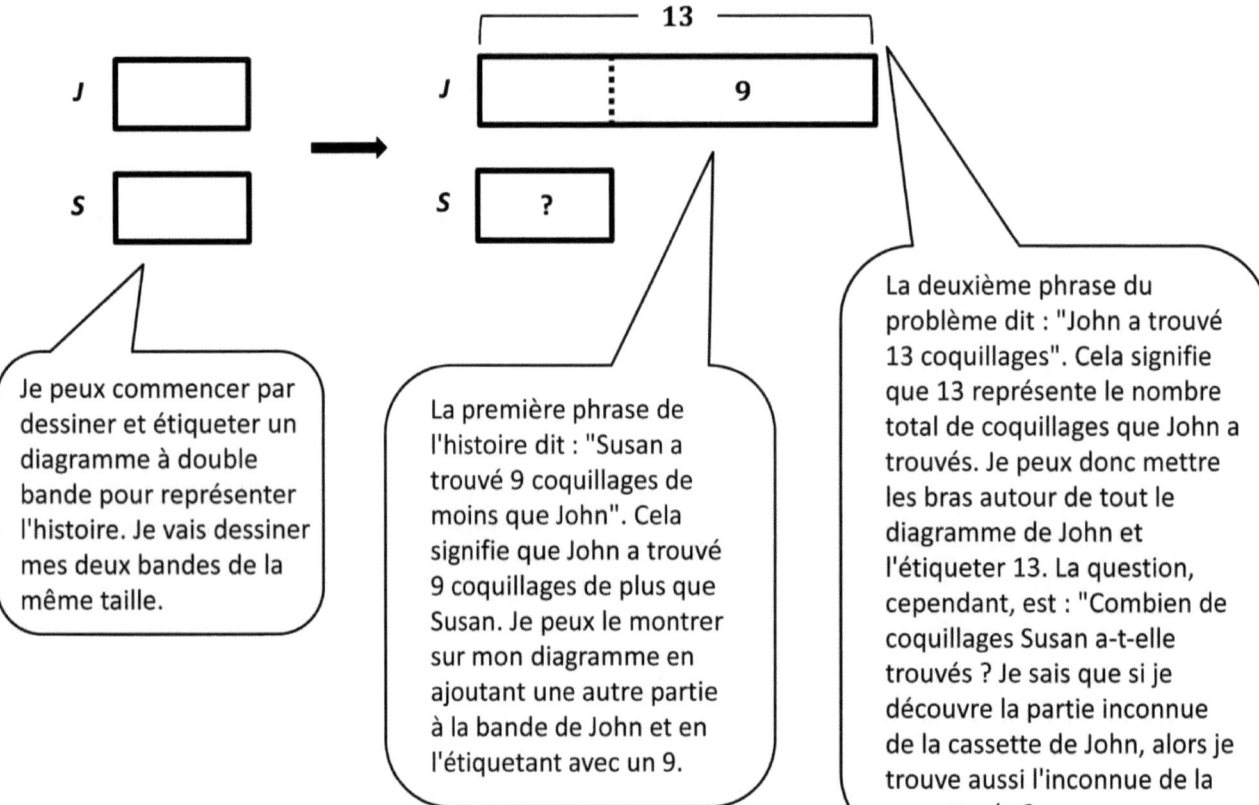

$13 - 9 = \boxed{4}$

Susan a trouvé 4 coquillages.

Je peux commencer par dessiner et étiqueter un diagramme à double bande pour représenter l'histoire. Je vais dessiner mes deux bandes de la même taille.

La première phrase de l'histoire dit : "Susan a trouvé 9 coquillages de moins que John". Cela signifie que John a trouvé 9 coquillages de plus que Susan. Je peux le montrer sur mon diagramme en ajoutant une autre partie à la bande de John et en l'étiquetant avec un 9.

La deuxième phrase du problème dit : "John a trouvé 13 coquillages". Cela signifie que 13 représente le nombre total de coquillages que John a trouvés. Je peux donc mettre les bras autour de tout le diagramme de John et l'étiqueter 13. La question, cependant, est : "Combien de coquillages Susan a-t-elle trouvés ? Je sais que si je découvre la partie inconnue de la cassette de John, alors je trouve aussi l'inconnue de la cassette de Susan.

Je peux utiliser la soustraction pour trouver la partie manquante. Comme la partie manquante de John est de 4, la partie manquante de Susan est également de 4 car ils sont de la même taille. Susan a donc trouvé 4 coquillages.

Leçon 2 : Résoudre des problèmes de type *compare avec une inconnue plus grande ou plus petite*.

Nom _____ Date _____

Lis le problème.
Dessine un diagramme en bande ou un diagramme en double bande et étiquette.
Écris une phrase numérique et une légende qui correspondent à l'histoire.

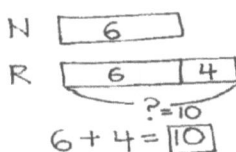

1. Kim a assisté à 15 matches de baseball cet été. Julio a assisté à 10 matches de baseball. De combien de matches Kim a-t-elle vus en plus que Julio?

2. Kiana a cueilli 14 fraises à la ferme. Tamra a cueilli 5 fraises de moins que Kiana. Combien de fraises Tamra a-t-elle cueillies ?

3. Willi a vu 7 reptiles au zoo. Emi a vu 4 reptiles de plus au zoo que Willie. Combien de reptiles Emi a-t-elle vus au zoo?

4. Peter a sauté dans la piscine 6 fois plus que Darnel. Darnel a sauté 9 fois. Combien de fois Peter a-t-il sauté dans la piscine?

5. Rose a trouvé 16 coquillages à la plage. Lee a trouvé 6 coquillages de moins que Rose. Combien de coquillages Lee a-t-il trouvés à la plage?

6. Shanika a reçu 12 cartes par la poste. Nikil a eu 5 cartes de plus que Shanika. Combien de cartes Nikil a-t-il eues?

UNE HISTOIRE D'UNITÉS   Leçon 3 Aide aux devoirs   1•6

1. Écris les dizaines et les unités. Complète l'énoncé.

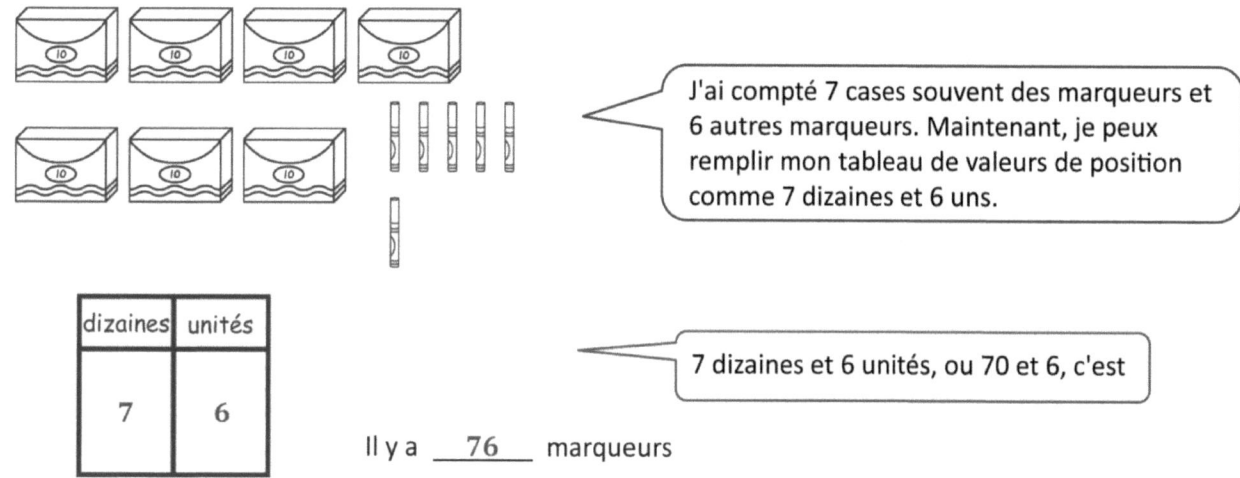

J'ai compté 7 cases souvent des marqueurs et 6 autres marqueurs. Maintenant, je peux remplir mon tableau de valeurs de position comme 7 dizaines et 6 uns.

dizaines	unités
7	6

7 dizaines et 6 unités, ou 70 et 6, c'est

Il y a ___76___ marqueurs

2. Écris le nombre comme des dizaines et des unités dans le tableau de valeur de position, ou utilise le tableau de valeur de position pour écrire le nombre.

a. 52

dizaines	unités
5	2

b. ___98___

dizaines	unités
9	8

52 est composé de deux parties, 50 et 2. 52 avec la méthode "Dire Dix.", c' est 5 dizaines 2 unités. Cela signifie qu'il y a 5 dizaines et 2 en 52.

52 est composé de deux parties, 50 et 2. 52 avec la méthode "Dire Dix.", c' est 5 dizaines 2 unités. Cela signifie qu'il y a 5 dizaines et 2 en 52.

Leçon 3 : Utiliser le tableau de valeur de position pour noter et nommer les dizaines et les unités d'un nombre à deux chiffres jusqu'à 100.

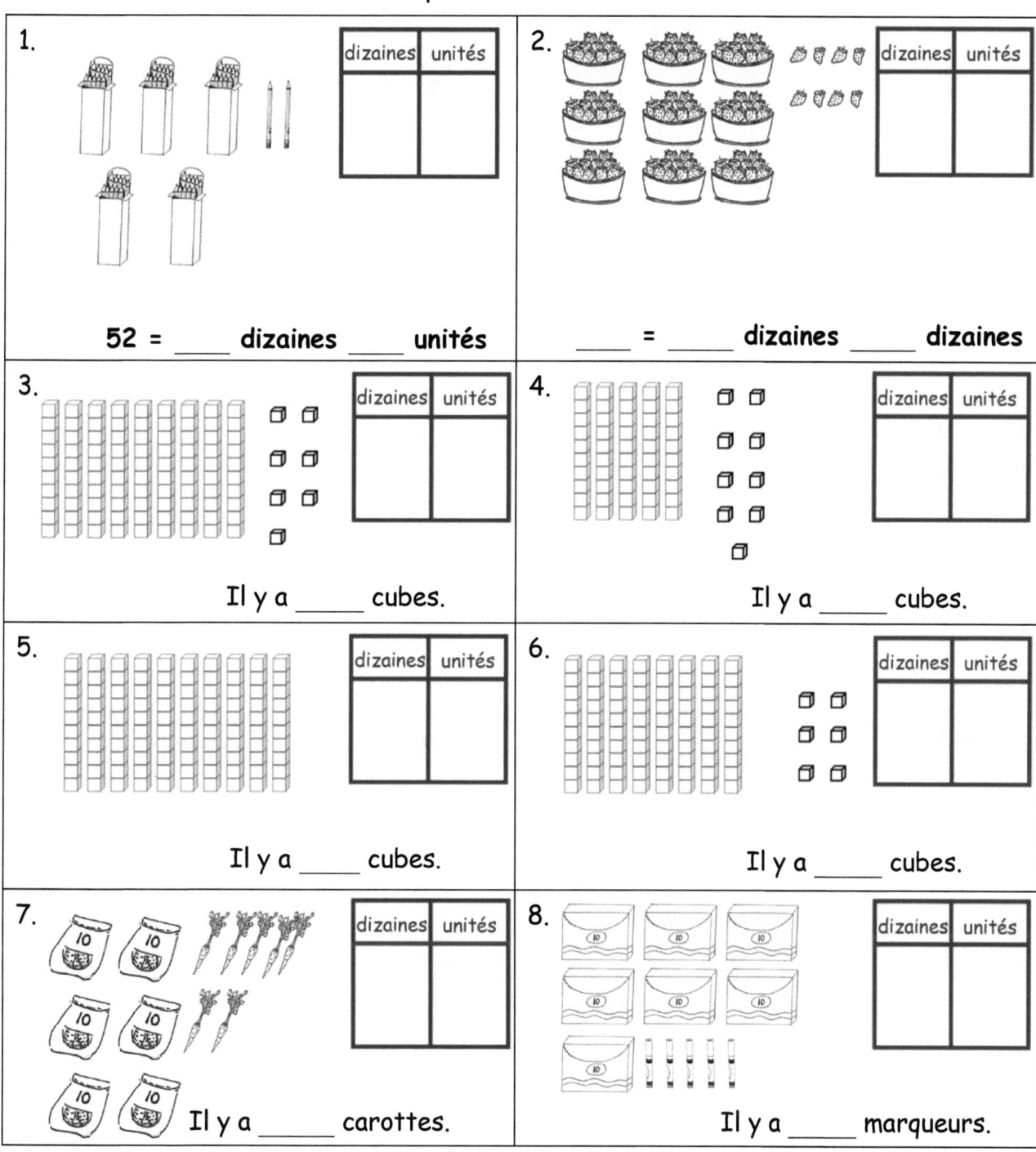

UNE HISTOIRE D'UNITÉS — Leçon 3 Devoirs 1•6

9. Écris le nombre comme des dizaines et des unités dans le tableau de valeur de position, ou utilise le tableau de valeur de position pour écrire le nombre.

a. 70

dizaines	unités

b. 76

dizaines	unités

c. _____

dizaines	unités
4	9

d. _____

dizaines	unités
9	4

e. 65

dizaines	unités

f. 60

dizaines	unités

g. 90

dizaines	unités

h. _____

dizaines	unités
10	0

i. _____

dizaines	unités
8	3

j. _____

dizaines	unités
8	0

UNE HISTOIRE D'UNITÉS — Leçon 4 Aide aux devoirs — 1•6

1. Compte les objets et remplis la liaison numérique et le tableau de valeur de position. Complète les phrases pour additionner des dizaines et unités.

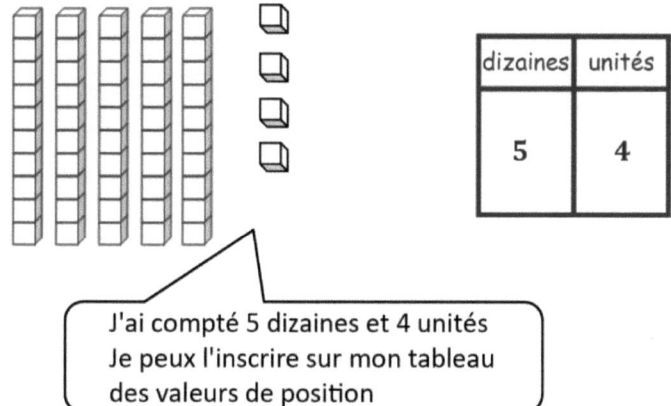
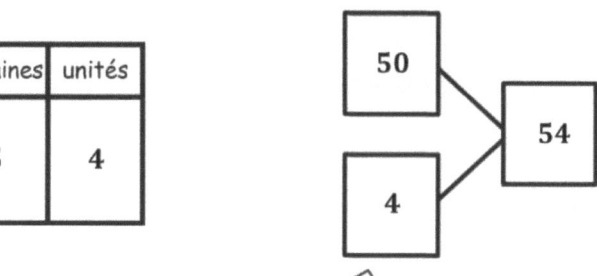

J'ai compté 5 dizaines et 4 unités Je peux l'inscrire sur mon tableau des valeurs de position

5 dizaines et 4 unités est la même chose que 54. Je peux décomposer 54 en 50 et 4, comme indiqué sur ma liaison numérique.

Je peux maintenant écrire des phrases de chiffres supplémentaires qui correspondent à mon lien numérique. Je peux soit commencer par la partie qui représente les dizaines comme je l'ai fait ici, soit commencer ma phrase de chiffres par les unités : 4 + 50 = 54. Je peux inverser les additions, et le total est toujours le même.

__50__ + __4__ = __54__

__5__ dizaines + __4__ unités = __54__

2. Complète les phrases pour additionner des dizaines et unités.

   a. 70 + 4 = __74__

   b. 6 dizaines + __8__ unités = 68

Je peux dire cette phrase numérique comme suit : "70 plus 4 = 74", ou "4 plus 70 = 74", ou "70 plus 4 = 74", ou "7 dizaines et 4 unités = 74". Ce ne sont là que quelques-unes des nombreuses façons différentes de dire cette phrase numérique. Cela m'aide à penser aux chiffres avec souplesse.

Leçon 4 : Écrire et interpréter les nombres à deux chiffres à 100 comme phrases d'addition qui combinent des dizaines et des unités.

Nom _____ Date _____

Compte les objets et remplis la liaison numérique ou le tableau de valeur de position. Complète les phrases pour additionner des dizaines et unités.

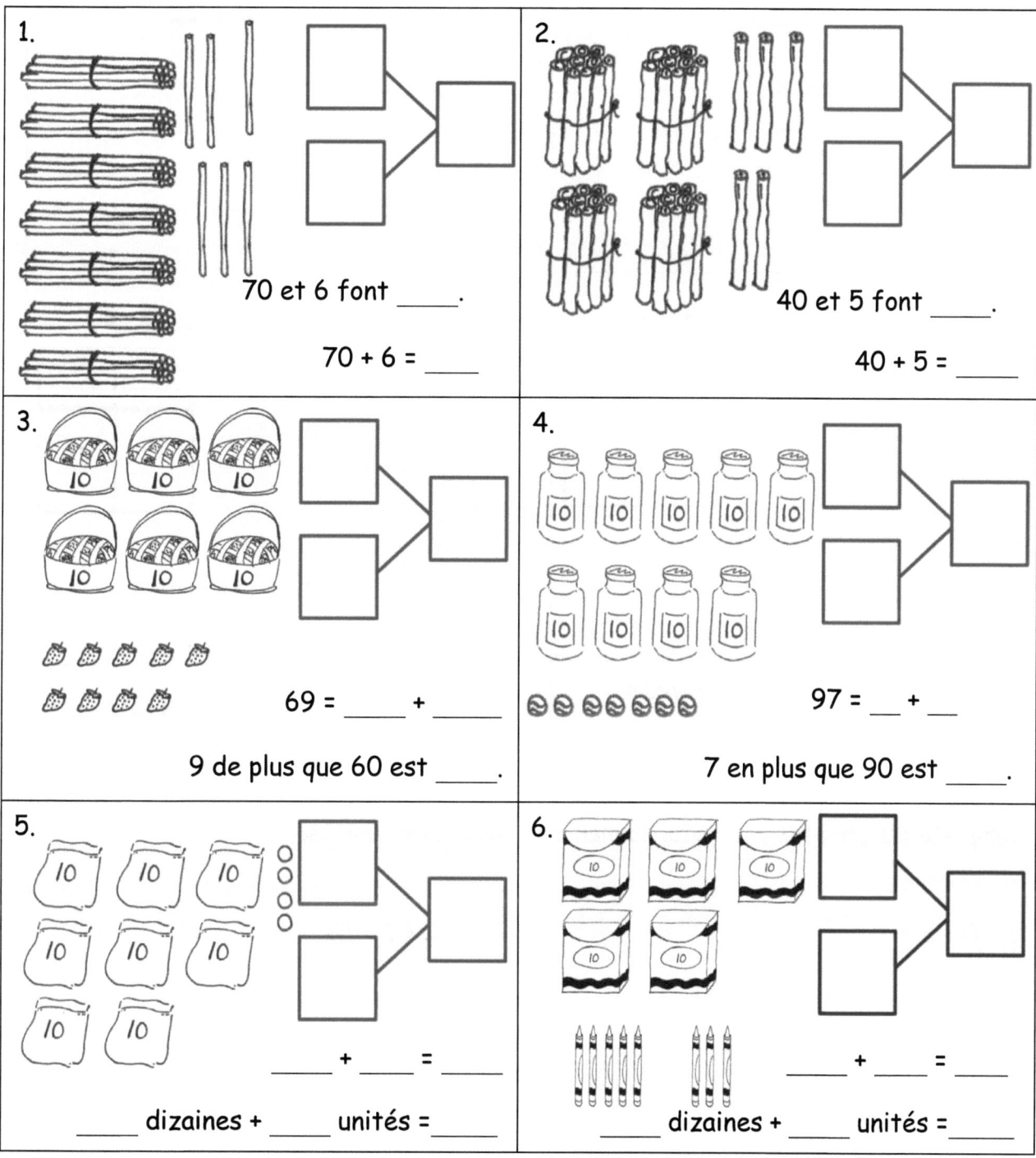

1. 70 et 6 font ____.
   70 + 6 = ____

2. 40 et 5 font ____.
   40 + 5 = ____

3. 69 = ____ + ____
   9 de plus que 60 est ____.

4. 97 = ____ + ____
   7 en plus que 90 est ____.

5. ____ + ____ = ____
   ____ dizaines + ____ unités = ____

6. ____ + ____ = ____
   ____ dizaines + ____ unités = ____

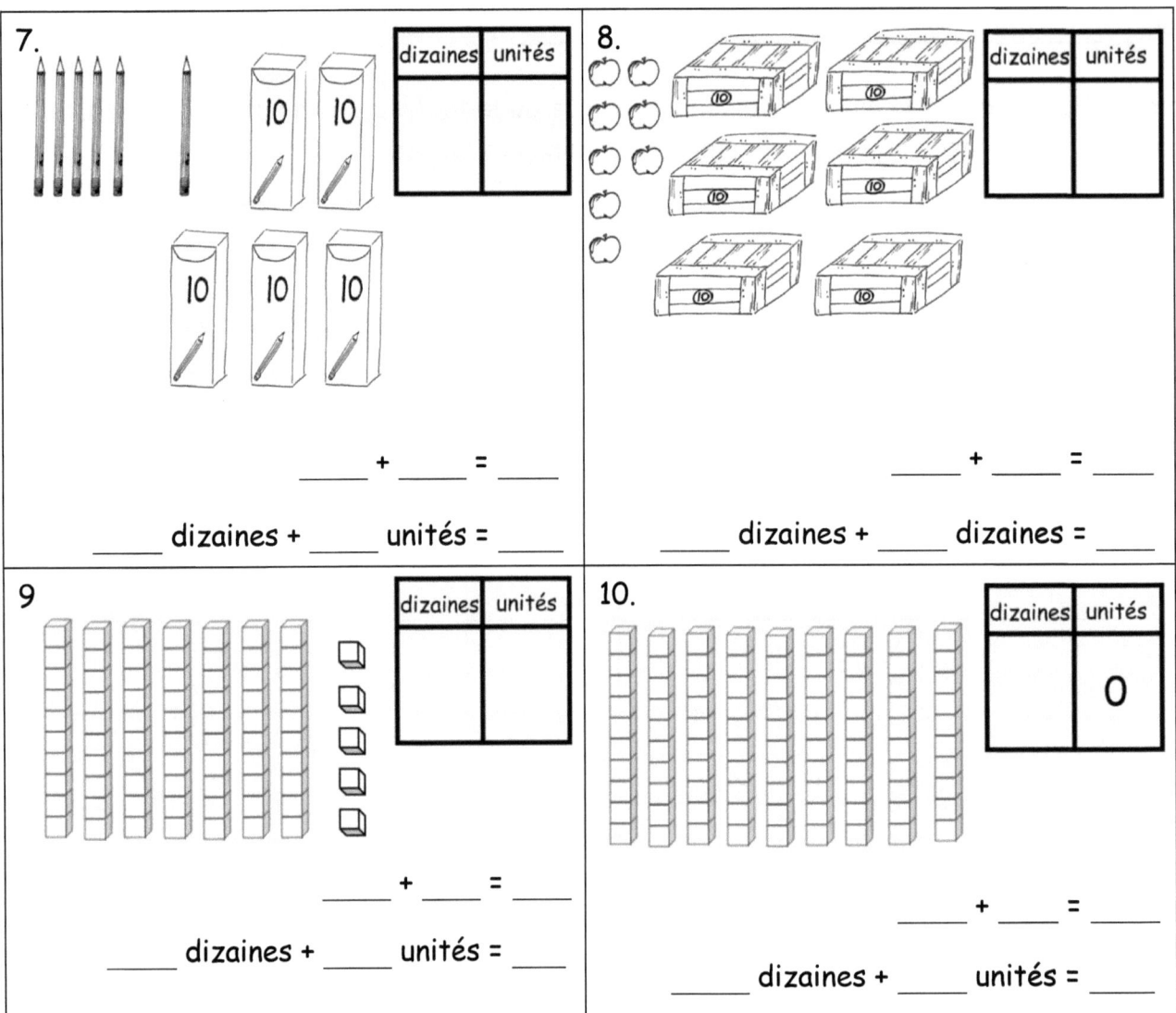

11. Complète les phrases pour additionner des dizaines et unités.

a. 80 + 6 = _____

b. _____ + 7 = 57

c. 9 dizaines + _____ unités = 95

d. 4 unités + 8 dizaines = _____

UNE HISTOIRE D'UNITÉS   Leçon 5 Aide aux devoirs   1•6

1. Trouve les nombres mystères. Utilise la direction de la flèche pour montrer comment tu le sais.

   a. 1 en moins que 50 est ____49____ .   b. 10 en plus que 50 est ____60____ .

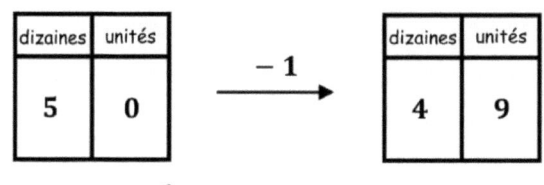

Il y a 5 dizaines et 0 unités dans 50. Je peux écrire cela dans le tableau des valeurs de position à gauche 1 moins de 50 est 49. De 50 à 49,1 soustrait 1. Je peux dessiner une flèche du tableau des valeurs de position à la première place à la deuxième et écrire -1 au-dessus de la flèche Dans ce cas, lorsque j'ai trouvé 1 de moins, le chiffre des dizaines et celui des unités ont tous deux changé.

10 plus de 50, c'est 60. De 50 à 60,1, on en a ajouté 10. Je peux dessiner une flèche du tableau des valeurs de position à la première place à la deuxième et écrire +10 au-dessus de la flèche. Seul le chiffre des dizaines est passé cette fois de 5 à 6 dizaines car nous en avons ajouté 10 de plus. Le chiffre "un" n'a pas changé.

2. Écris le nombre qui est égale à 1 en plus que.
   a. 60, __61__
   b. 79, __80__

3. Écris le nombre qui est 10 de moins.
   a. 70, __60__
   b. 82, __72__

Lorsque je trouve 1 plus ou 1 moins, parfois seul le chiffre un change, et parfois les chiffres des dizaines et des uns changent.

Je dois lire attentivement les instructions pour savoir quand j'ajoute 1 de plus, 1 de moins, 10 de plus ou 10 de moins.

Leçon 5 : Identifier 10 en plus, 10 en moins, 1 en plus et 1 en moins qu'un nombre à deux chiffres jusqu'à 100.

Nom _____ Date _____

1. Résous. Tu peux dessiner ou rayer (x) pour montrer ton travail.

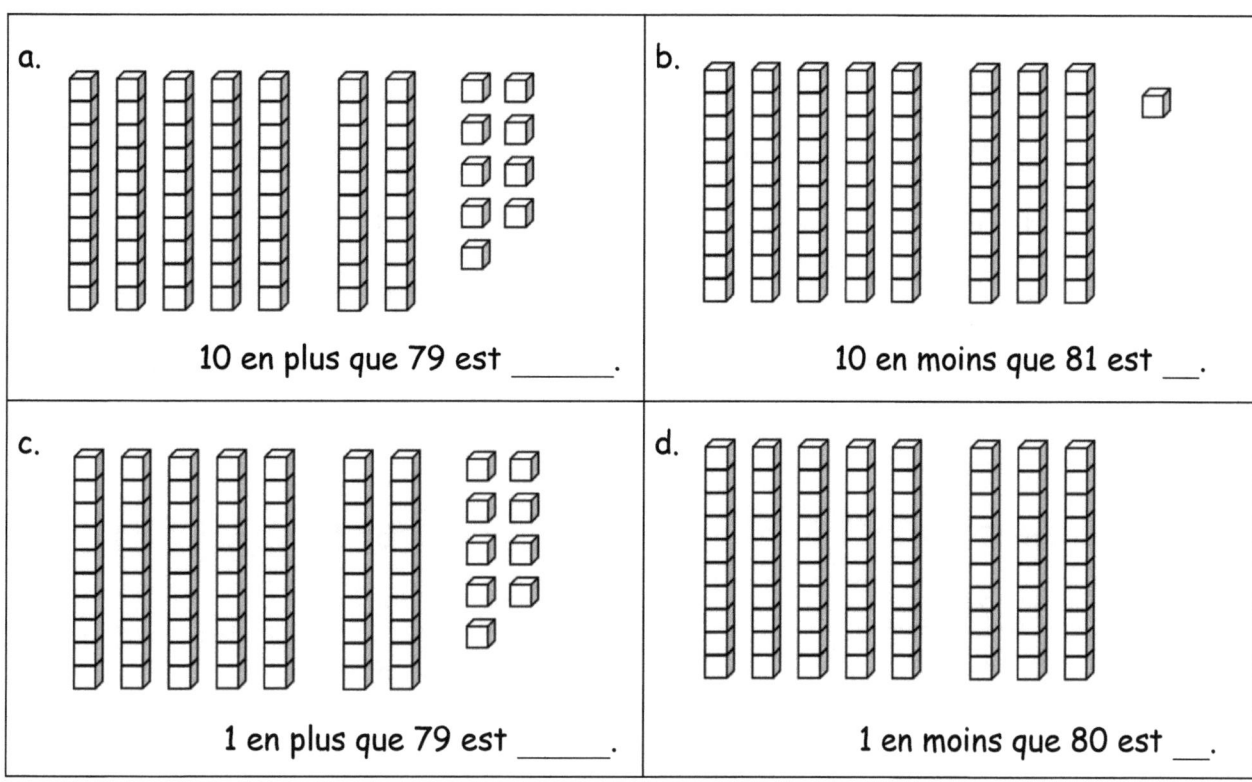

a. 10 en plus que 79 est _____.

b. 10 en moins que 81 est ___.

c. 1 en plus que 79 est _____.

d. 1 en moins que 80 est ___.

2. Trouve les nombres mystères. Tu peux faire un dessin pour aider à résoudre, si nécessaire.

a. 10 en plus que 75 est _____.

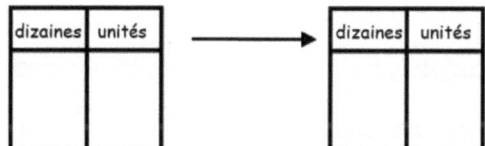

b. 1 en plus que 75 est _____.

c. 10 en moins que 88 est _____.

d. 1 en moins que 88 est _____.

Leçon 5 : Identifier 10 en plus, 10 en moins, 1 en plus et 1 en moins qu'un nombre à deux chiffres jusqu'à 100.

3. Écris le nombre qui est égale à **1 en plus que**.

   a. 40, _____
   b. 50, _____
   c. 65, _____
   d. 69, _____
   e. 99, _____

4. Écris le nombre qui est égale à **10 en plus que**.

   a. 60, _____
   b. 70, _____
   c. 77, _____
   d. 89, _____
   e. 90, _____

5. Écris le nombre qui est égale à **1 en moins que**.

   a. 53, _____
   b. 73, _____
   c. 71, _____
   d. 80, _____
   e. 100, _____

6. Écris le nombre qui est égale à **10 en moins que**.

   a. 50, _____
   b. 60, _____
   c. 84, _____
   d. 91, _____
   e. 100, _____

7. Remplis les nombres manquants dans chaque séquence.

   a. 50, 51, 52, _____
   b. 79, 78, 77, _____
   c. 62, 61, _____, 59
   d. 83, _____, 85, 86
   e. 60, 70, 80, _____
   f. 100, 90, 80, _____
   g. 57, 67, _____, 87
   h. 89, 79, _____, 59
   i. _____, 99, 98, 97
   j. _____, 84, _____, 64

UNE HISTOIRE D'UNITÉS Leçon 6 Aide aux devoirs 1•6

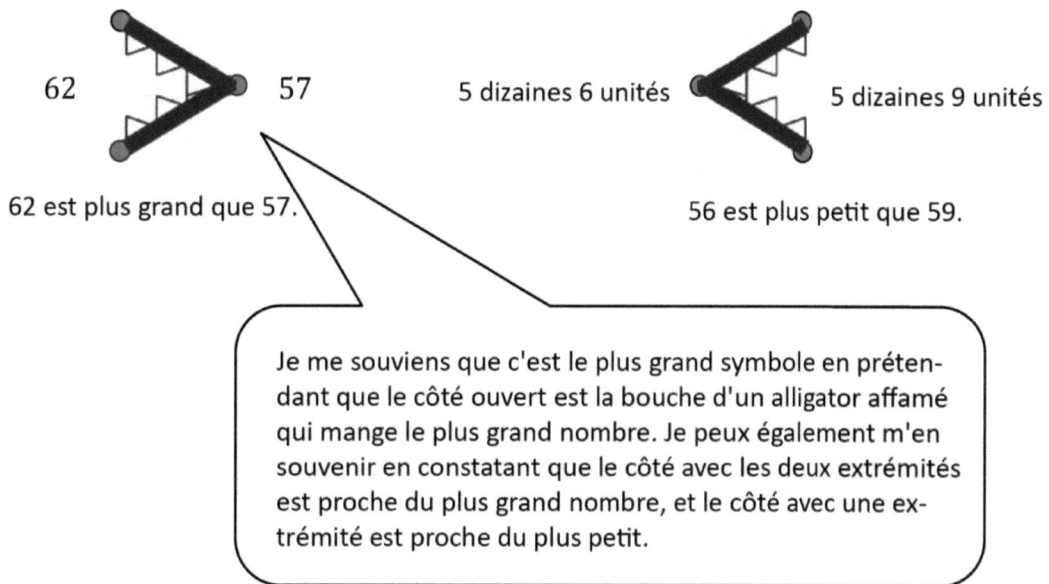

Entoure les mots corrects pour créer une phrase vraie. Utilise > < or = et des nombres pour écrire une phrase vraie.

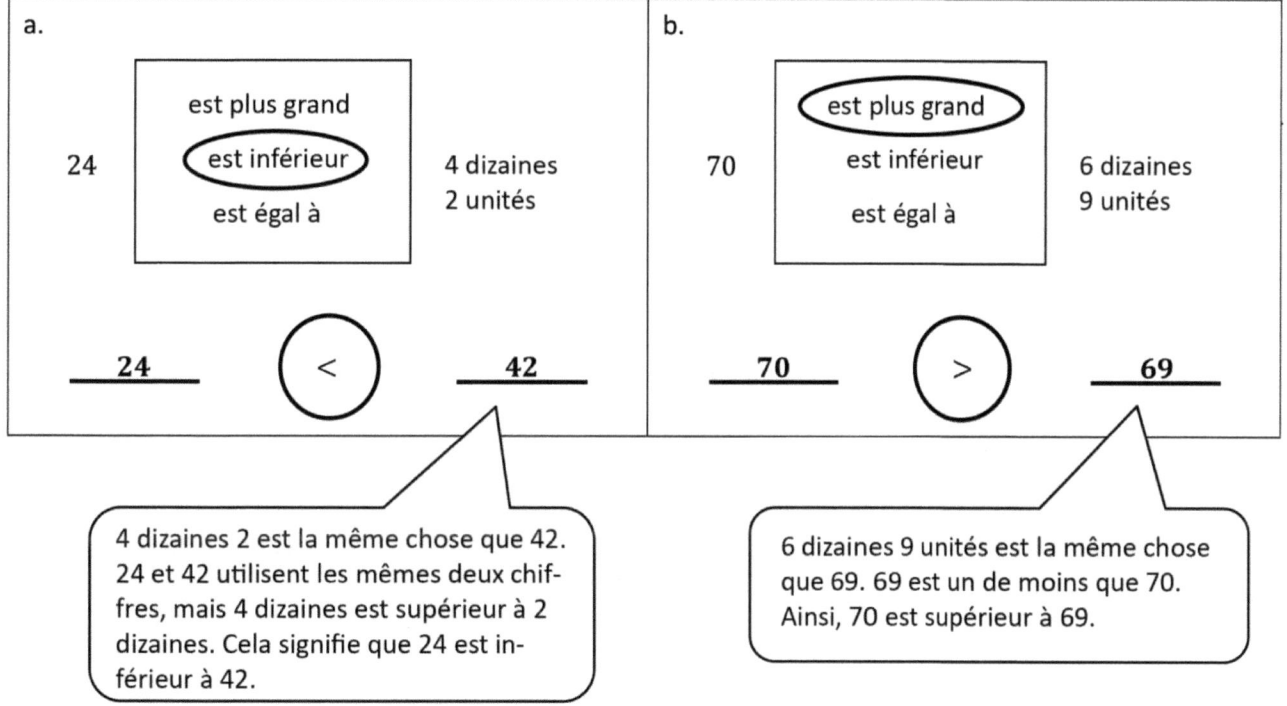

Leçon 6 : Utiliser les signes >, =, et < pour comparer des quantités et des nombres jusqu'à 100.

UNE HISTOIRE D'UNITÉS

Leçon 6 Devoirs 1•6

Nom _____ Date _____

1. Utilise les signes pour comparer les nombres. Remplis les blancs avec <, >, ou = pour faire une phrase vraie.

62 > 57   5 dizaines 6 unités   5 dizaines 9 unités

62 > 57
62 est plus grand que 57.

56 < 59
56 est plus petit que 59.

a. 43 ◯ 35

b. 60 ◯ 86

c. 10 dizaines ◯ 99

d. 5 dizaines 4 unités ◯ 54

e. 7 dizaines 9 unités ◯ 9 dizaines 7 unités

f. 1 dizaine 3 unités ◯ 31

g. 3 dizaines 0 unités ◯ 2 dizaines 10 unités

h. 3 dizaines 5 unités ◯ 2 dizaines 17 unités

Leçon 6 : Utiliser les signes >, =, et < pour comparer des quantités et des nombres jusqu'à 100.

2. Utilise les mots corrects dans la boîte pour remplir le blanc et faire une phrase vraie. Utilise >, <, ou = et des nombres pour écrire une phrase vraie.

| est plus grand que | est plus petit que | est égal à |

a. 42 _____ 1 dizaine 2 unités

___ ◯ ___

b. 6 dizaines 7 unités _____ 5 dizaines 17 unités

___ ◯ ___

c. 37 _____ 73

___ ◯ ___

d. 2 dizaines 14 unités _____ 4 unités 2 dizaines

___ ◯ ___

e. 9 unités 5 dizaines _____ 9 dizaines 5 unités

___ ◯ ___

UNE HISTOIRE D'UNITÉS

Leçon 7 Aide aux devoirs 1•6

1. Complète le tableau en remplissant les nombres manquants.

0	100
1	**101**
2	102
3	103
4	**104**
5	105
6	106
7	**107**
8	**108**
9	109
10	110

> Je veux être sûr de lire ces chiffres sans les dire et entre cent et l'unité de place. Je peux lire ces chiffres comme suit : "Cent un, cent deux, cent trois". Quand je dis "100 et 1", cela signifie 100 + 1, mais le nom du nombre est cent un.

2. Compare les 2 colonnes. Quel schéma remarques-tu?

La colonne de gauche compte de 1 à 10. La colonne de droite compte de 100 à 110. Le schéma est que à 100 les nombres recommencent de 0, seulement cette fois tu dis et tu écris d'abord 100. Donc, au lieu de 1, 2, 3, 4, c'est 101, 102, 103, 104.

3. Remplis les nombres manquants pour continuer la séquence de comptage.

a.

97, __**96**__, 95, __**94**__

> C'est délicat car il s'agit d'un compte à rebours !

b.

99, __**100**__, __**101**__, 102

> Cela est difficile car il s'agit de compter sur une unité plus grande. Il passe d'un numéro à 2 chiffres à un numéro à 3 chiffres.

Leçon 7 : Compter et écrire des nombres jusqu'à 120. Utiliser des cartes cache-zéro pour lier les nombres de 0 à 20 et de 100 à 120.

UNE HISTOIRE D'UNITÉS   Leçon 7 Devoirs   1•6

Nom _____ Date _____

1. Remplis les nombres manquants dans le tableau jusqu'à 120.

a.	b.	c.	d.	e.
71		91		111
	82		102	
		93		
74				114
	85		105	
		96		116
	87			
			108	
79		99		119
80	90		110	

Leçon 7 :   Compter et écrire des nombres jusqu'à 120. Utiliser des cartes cache-zéro pour lier les nombres de 0 à 20 et de 100 à 120.

UNE HISTOIRE D'UNITÉS   Leçon 7 Devoirs   1•6

2. Écris les nombres pour continuer la séquence de comptage jusqu'à 120.

   99, _____, 101, _____, _____, _____, _____, _____, _____,

   _____, _____, _____, _____, _____, _____, _____,

   _____, _____, _____, _____, _____, _____,

3. Entoure la séquence qui est incorrecte. Réécris-la correctement sur la ligne.

   a.   b.

   | 116, 117, 118, 119, 120 | | 96, 97, 98, 99, 100, 110 |

   _____

4. Remplis les nombres manquants dans la séquence.

   a.   b.

   | 113, 114, _____, _____, _____ | | _____, _____, _____, 120 |

   c.   d.

   | 102, _____, _____, _____ | | 88, 89, _____, _____, _____, _____ |

UNE HISTOIRE D'UNITÉS — Leçon 8 Aide aux devoirs — 1•6

1. Écris le nombre comme des dizaines et des unités dans le tableau de valeur de position, ou utilise le tableau de valeur de position pour écrire le nombre.

   a. 74

dizaines	unités
7	4

   > 74 peut être divisé en 70 et 4, c'est à dire 7 dizaines et 4 unités.

   b. __109__

dizaines	unités
10	9

   > 10 dizaines est la même chose que 100, et avec 9 unités fait 109.

2. Écris le nombre.

   a. 10 dizaines 5 unités est le résultat __105__.

   > Je peux lire ce nombre comme étant cent cinq, et non cent cinq. Cent cinq décrit 100 + 5.

   b. 11 dizaines 8 unités est le résultat __118__.

   > 11 dizaines correspondent à 110, et 8 autres à 118. Je peux aussi montrer 118 comme 10 dizaines et 18 unités. C'est le même numéro, mais il est écrit différemment.

Leçon 8 : Compter jusqu'à 120 en forme d'unité en utilisant uniquement des dizaines et des unités. Représenter les nombres jusqu'à 120 comme dizaines et unités sur le tableau de valeur de position.

UNE HISTOIRE D'UNITÉS Leçon 8 Devoirs 1•6

Nom _____ Date _____

1. Écris le nombre comme des dizaines et des unités dans le tableau de valeur de position, ou utilise le tableau de valeur de position pour écrire le nombre.

a. 81

dizaines	unités

b. 98

dizaines	unités

c. _____

dizaines	unités
11	7

d. _____

dizaines	unités
10	8

e. 104

dizaines	unités

f. 111

dizaines	unités

2. Écris le nombre.

a. 9 dizaines 2 unités est le nombre _____.	b. 8 dizaines 4 unités est le nombre _____.
c. 11 dizaines 3 unités est le nombre _____.	d. 10 dizaine 9 unités est le nombre _____.
e. 10 dizaines 1 unité est le nombre _____.	f. 11 dizaines 6 unités est le nombre _____.

Leçon 8 : Compter jusqu'à 120 en forme d'unité en utilisant uniquement des dizaines et des unités. Représenter les nombres jusqu'à 120 comme dizaines et unités sur le tableau de valeur de position.

Copyright © Great Minds PBC

3. Corresponds.

a. | dizaines | unités |
|---|---|
| 10 | 2 |

b. | dizaines | unités |
|---|---|
| 9 | 5 |

c. | dizaines | unités |
|---|---|
| 11 | 4 |

d. | dizaines | unités |
|---|---|
| 11 | 0 |

e. | dizaines | unités |
|---|---|
| 10 | 8 |

f. | dizaines | unités |
|---|---|
| 10 | 0 |

g. | dizaines | unités |
|---|---|
| 11 | 8 |

- 11 dizaines 4 unités
- 9 dizaines 5 unités
- 11 dizaines 8 unités
- 11 dizaines 0 unités
- 102
- 10 dizaines 0 unités
- 108

1. Compte les objets. Remplis le tableau de valeur de position et écris le nombre sur la ligne.

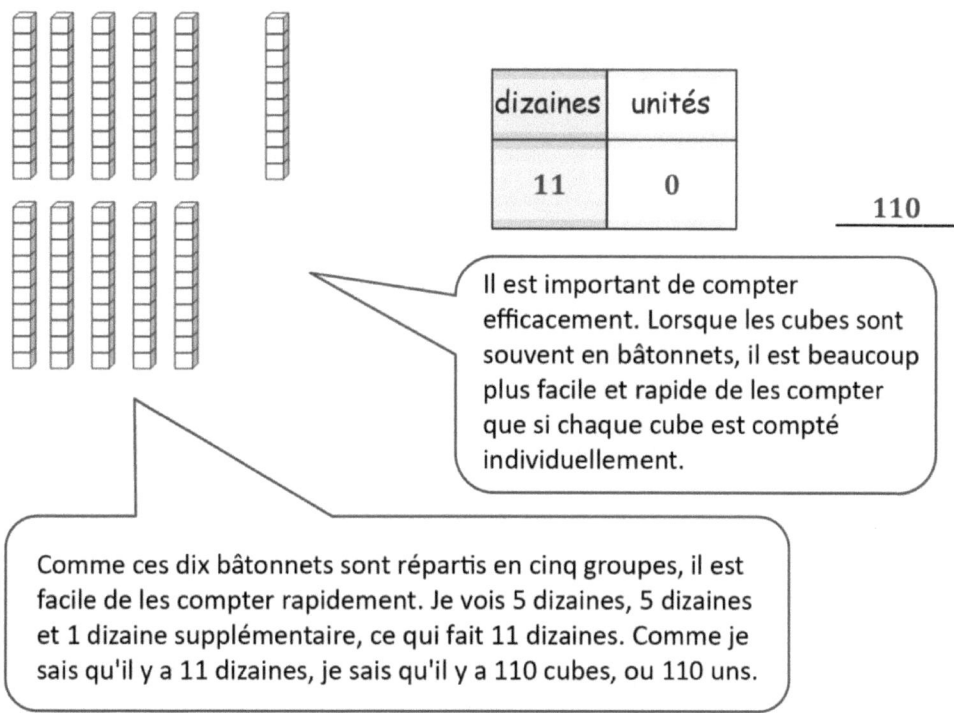

Il est important de compter efficacement. Lorsque les cubes sont souvent en bâtonnets, il est beaucoup plus facile et rapide de les compter que si chaque cube est compté individuellement.

Comme ces dix bâtonnets sont répartis en cinq groupes, il est facile de les compter rapidement. Je vois 5 dizaines, 5 dizaines et 1 dizaine supplémentaire, ce qui fait 11 dizaines. Comme je sais qu'il y a 11 dizaines, je sais qu'il y a 110 cubes, ou 110 uns.

2. Utilise des dizaines et unités rapides pour représenter les nombres suivants. Écris le nombre sur la ligne.

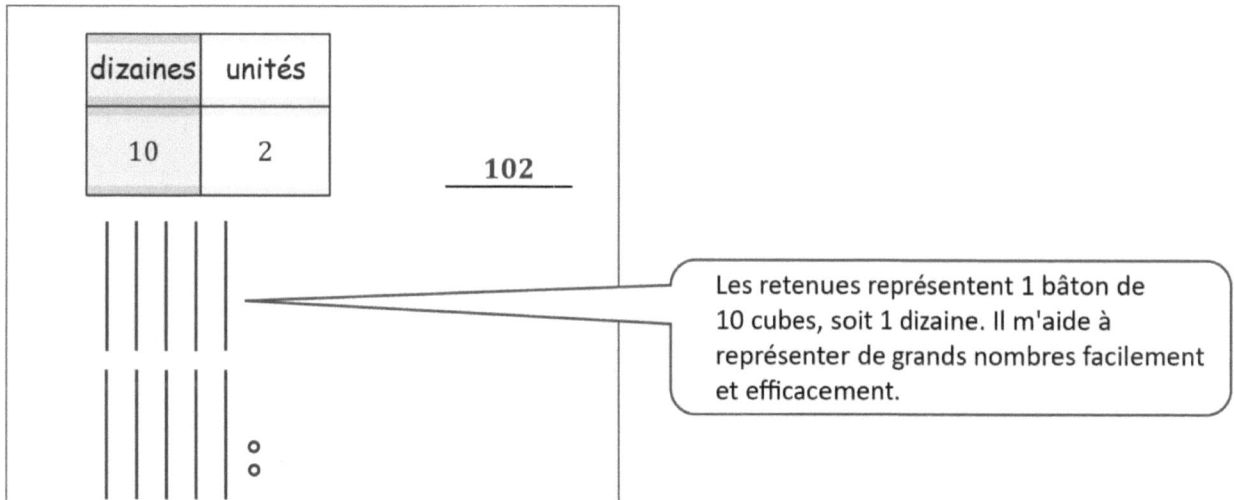

Les retenues représentent 1 bâton de 10 cubes, soit 1 dizaine. Il m'aide à représenter de grands nombres facilement et efficacement.

UNE HISTOIRE D'UNITÉS

Leçon 9 Devoirs 1•6

Nom _____ Date _____

Compte les objets. Remplis le tableau de valeur de position et écris le nombre sur la ligne.

1.

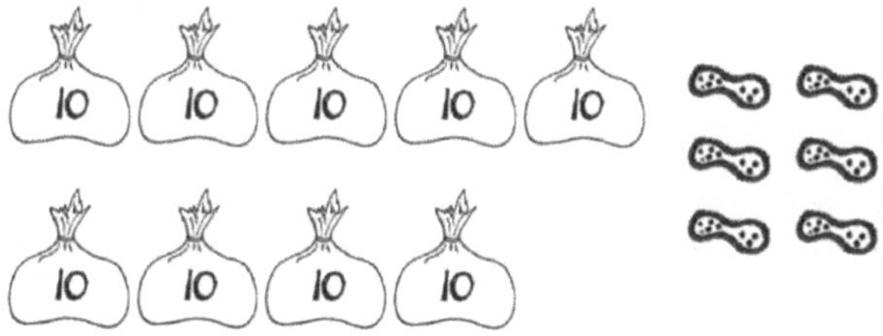

dizaines	unités

_____

2.

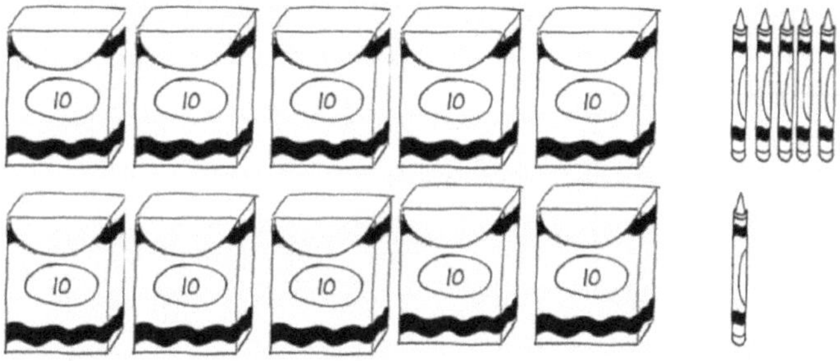

dizaines	unités

_____

3.

dizaines	unités

_____

4.

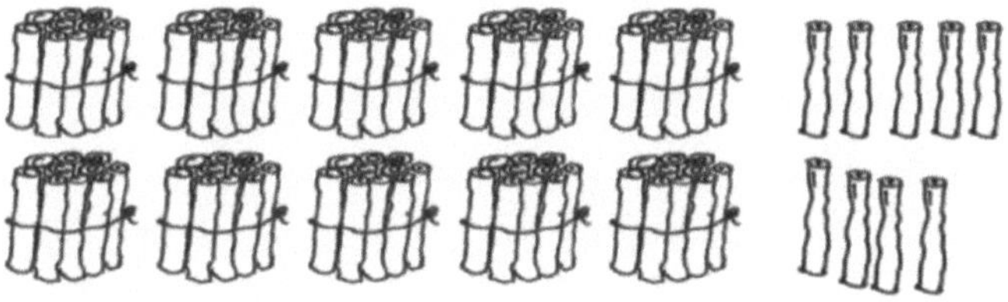

dizaines	unités

_____

5.

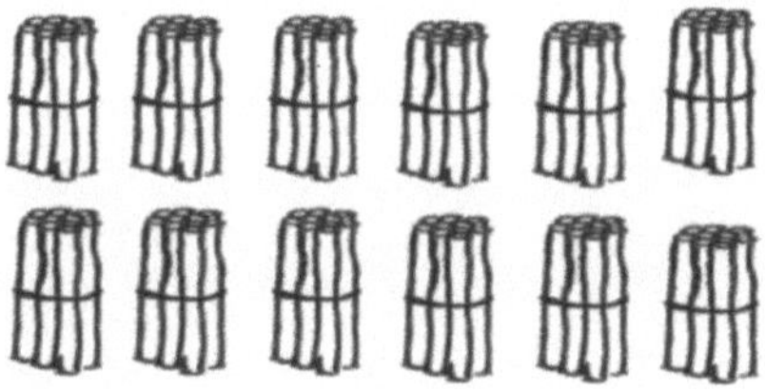

dizaines	unités

_____

Leçon 9 : Représenter jusqu'à 120 objets avec un nombre écrit.

UNE HISTOIRE D'UNITÉS

Leçon 9 Devoirs 1•6

6.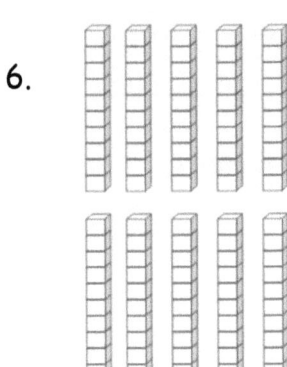

dizaines	unités

_____

7.

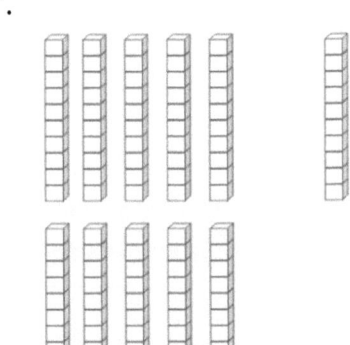

dizaines	unités

_____

Utilise des dizaines et unités rapides pour représenter les nombres suivants.
Écris le nombre sur la ligne.

8. _____

dizaines	unités
11	0

9. _____

dizaines	unités
10	5

UNE HISTOIRE D'UNITÉS Leçon 10 Aide aux devoirs 1•6

1. Complète la liaison numérique ou la phrase numérique et dessine une ligne vers l'image correspondante.

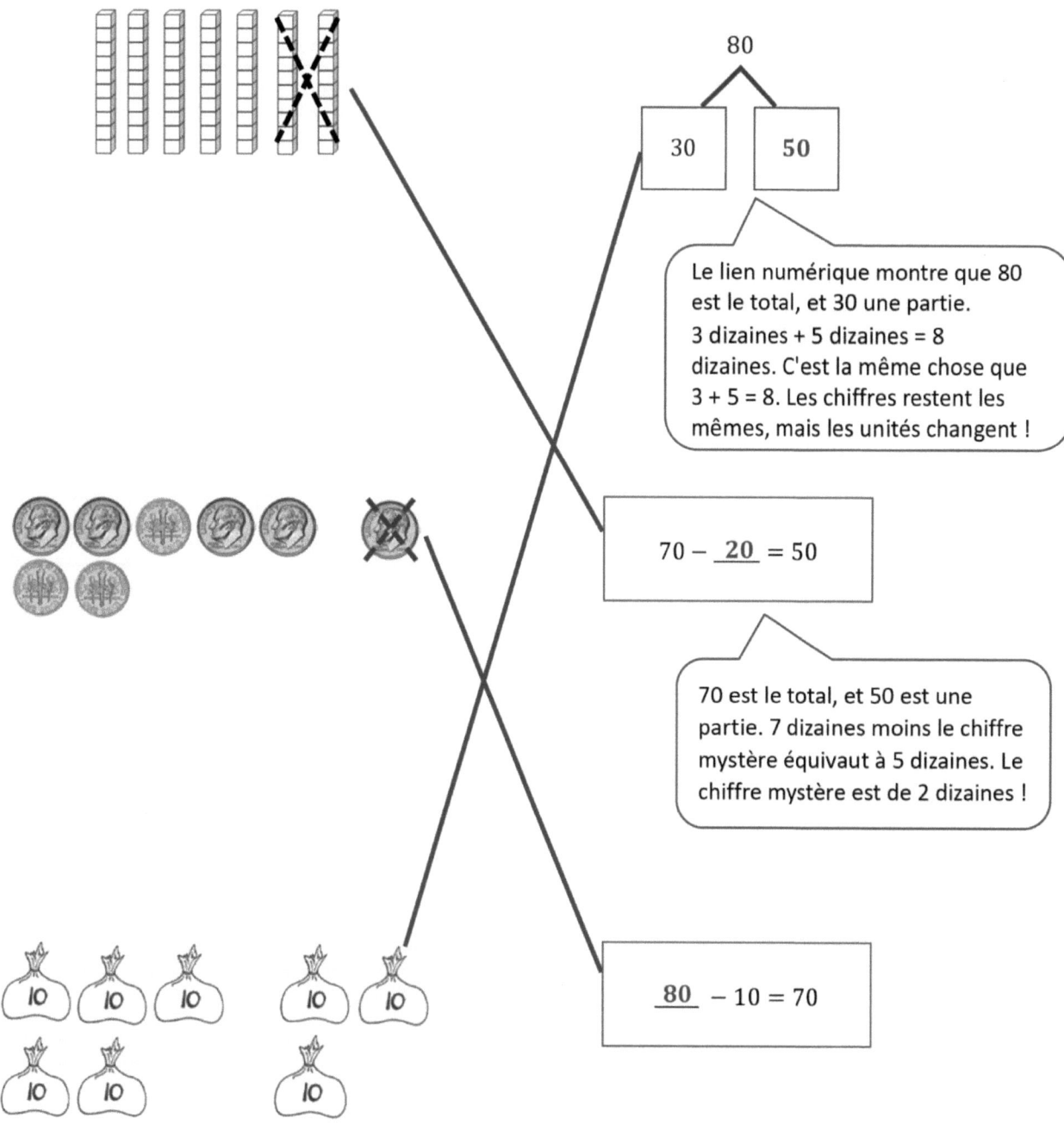

Le lien numérique montre que 80 est le total, et 30 une partie. 3 dizaines + 5 dizaines = 8 dizaines. C'est la même chose que 3 + 5 = 8. Les chiffres restent les mêmes, mais les unités changent !

70 − __20__ = 50

70 est le total, et 50 est une partie. 7 dizaines moins le chiffre mystère équivaut à 5 dizaines. Le chiffre mystère est de 2 dizaines !

__80__ − 10 = 70

Leçon 10 : Additionner et soustraire des multiples de 10 à partir de multiples de 10 jusqu'à 100, y compris des "dimes" (pièce de 10 centimes).

2. Compte les "dimes" (pièces de 10 centimes) à ajouter ou soustraire. Écris une phrase numérique pour correspondre aux "dimes" (pièces de 10 centimes).

90 - 30 = 60

 +

60 + 40 = 100

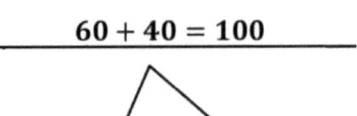

Je peux penser à 6 + 4 = 10, pour m'aider. 6 pièces de 10 centimes + 4 pièces de 10 centimes = 10 pièces de 10 centimes 60 + 40 = 100. Il y en a 10 au total !

Nom _____ Date _____

1. Complète la liaison numérique ou la phrase numérique et dessine une ligne vers l'image correspondante.

a.

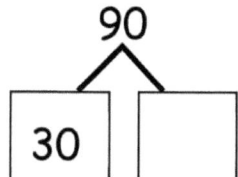

b.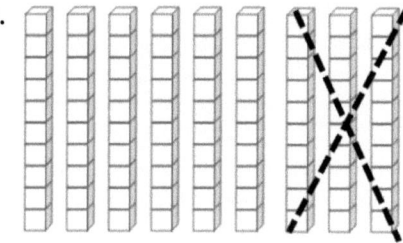

_____ - 40 = 60

c.

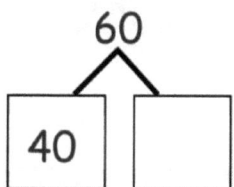

d.

80 - _____ = 60

2. Compte les "dimes" (pièces de 10 centimes) à ajouter ou soustraire. Écris une phrase numérique pour correspondre aux "dimes" (pièces de 10 centimes).

a. +   _____40 + 20 = _____

b.    _____

c.    _____

d.    _____

3. Remplis les nombres manquants.

a. 70 + _____ = 90   b. _____ + 30 = 80   c. 100 - _____ = 20

d. 30 + 60 = _____   e. 70 - _____ = 20   f. 20 - _____ = 60

g. _____ - 20 = 60   h. 90 - _____ = 20   h. 50 - _____ = 100

1. Résous en utilisant les images. Complète la phrase numérique pour qu'elle corresponde.

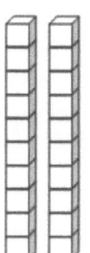 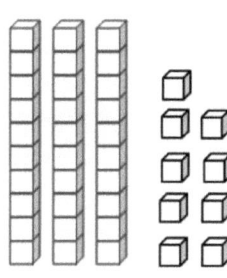

$\underline{20} + \underline{39} = \underline{59}$

> Je peux ajouter 2 dizaines et 3 dizaines d'abord. Cela fait 5 dizaines. J'ai 9 unités ; elles ne changent pas.

2. Utilise une liaison numérique pour résoudre.

$40 + 38 = \underline{78}$

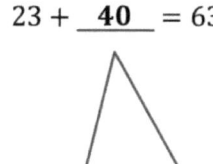

$40 + 30 = 70$
$70 + 8 = 78$

> Je peux décomposer 38 en 30 et 8 avec la caution numérique. J'ajoute d'abord 40 et 30, ce qui fait 70, puis 8 pour faire 78.

3. Résous. Tu peux utiliser les liaisons numériques pour t'aider.

$23 + \underline{40} = 63$

$\underline{34} + 50 = 84$

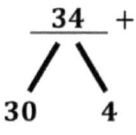

> Je peux commencer à 23 et compter par dizaines jusqu'à 63. Je compte quatre dizaines : 33, 43, 53, 63. le total est 63 !

> Je peux vérifier mon travail en tirant un numéro de cautionnement. Puisque 3 + 5 = 8, je sais que 30 + 50 = 80. 34 est la partie manquante car le total, 84, en compte 4.

UNE HISTOIRE D'UNITÉS Leçon 11 Devoirs 1•6

Nom _____ Date _____

1. Résous en utilisant les images. Complète la phrase numérique pour qu'elle corresponde.

a.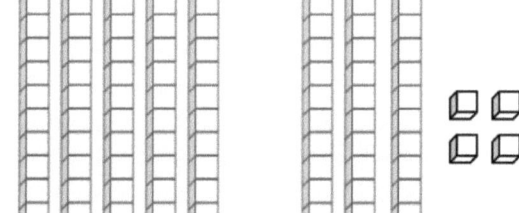

_____ + _____ = _____

b.

_____ + _____ = _____

c.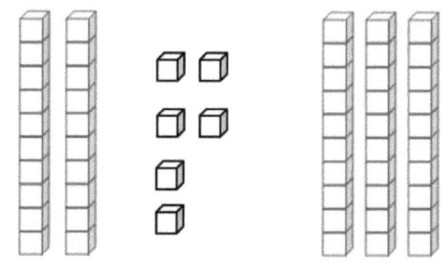

_____ + _____ = _____

d.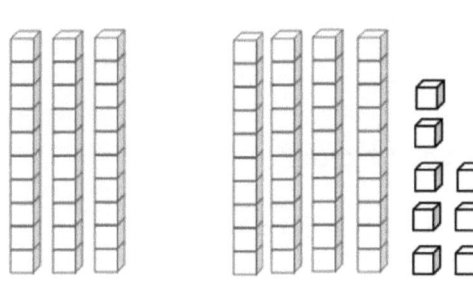

_____ + _____ = _____

Leçon 11 : Ajouter un multiple de 10 à n'importe quel nombre à deux chiffres jusqu'à 100.

UNE HISTOIRE D'UNITÉS   Leçon 11 Devoirs 1•6

$$64 + 30 = 94$$
$$\overset{\displaystyle\frown}{4\ \ 60}$$
$$60 + 30 = 90$$
$$90 + 4 = 94$$

2. Utilise les liaisons numériques pour résoudre.

a. 38 + 40 = _____	b. 54 + 30 = _____
c. 46 + 40 = _____	d. 30 + 57 = _____
e. 20 + 68 = _____	f. 25 + 70 = _____

3. Résous. Tu peux utiliser les liaisons numériques pour t'aider.

   a. 72 + 20 = _____

   b. 48 + 50 = _____

   c. 46 + _____ = 96

   d. _____ + 40 = 87

224 Leçon 11 : Ajouter un multiple de 10 à n'importe quel nombre à deux chiffres jusqu'à 100.

UNE HISTOIRE D'UNITÉS — Leçon 12 Aide aux devoirs — 1•6

1. Résous.

   $38 + 42 = \underline{\;80\;}$

   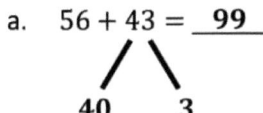

   $38 + 2 = 40$

   $40 + 40 = 80$

   > Je pense d'abord aux unités. Puisque 38 est proche de 40, 1 peut faire la prochaine dizaine ! J'utilise un lien numérique pour séparer 42, puis j'ajoute 38 + 2. Ensuite, 40 + 40 = 80.

2. Résous à l'aide de liaisons numériques. Tu peux choisir d'additionner les unités ou les dizaines, d'abord. Rédige les deux phrases numériques pour montrer ce que tu as fait.

   a. $56 + 43 = \underline{\;99\;}$

      40   3

      $56 + 40 = 96$

      $96 + 3 = 99$

      > Je peux diviser 43 en dizaines et unités. Je peux d'abord ajouter des dizaines. Donc, 56 + 40 = 96. Je n'oublier d'ajouter les 3 : 96 + 3 = 99.

   b. $25 + 45 = \underline{\;70\;}$

      20   5

      $45 + 5 = 50$

      $50 + 20 = 70$

      > Cette fois, J'ajoute les unités en premier. Quand j'en sépare 25, je vois que je peux ajouter 5 à 45 pour en faire 50. C'est un nombre sympa ! Ensuite, j'ajoute simplement 5 dizaines + 2 dizaines = 7 dizaines, soit 70.

Leçon 12 : Additionner une paire de nombres à deux chiffres quand les chiffres des unités ont une somme plus petite ou égale à 10.

UNE HISTOIRE D'UNITÉS Leçon 12 Aide aux devoirs 1•6

Nom _____ Date _____

1. Résous.

a. 46 + 22 = _____	b. 74 + 23 = _____
c. 54 + 25 = _____	d. 68 + 31 = _____
e. 45 + 55 = _____	f. 86 + 13 = _____
g. 37 + 52 = _____	h. 47 + 52 = _____

Leçon 12 : Additionner une paire de nombres à deux chiffres quand les chiffres des unités ont une somme plus petite ou égale à 10.

2. Résous à l'aide de liaisons numériques. Tu peux choisir d'additionner les unités ou les dizaines, d'abord. Rédige les deux phrases numériques pour montrer ce que tu as fait.

a. 76 + 23 = _____	b. 45 + 33 = _____
c. 31 + 67 = _____	d. 57 + 32 = _____
e. 58 + 21 = _____	f. 25 + 63 = _____
g. 44 + 55 = ___	h. 47 + 53 = _____

Leçon 12 : Additionner une paire de nombres à deux chiffres quand les chiffres des unités ont une somme plus petite ou égale à 10.

Résous et montre ton travail.

1. 49 + 24 = __73__

   1   23

   49 + 1 = 50
   50 + 23 = 73

   > Je peux penser à faire les dix prochaines ! 49 est proche de 80, je peux donc décomposer 24 pour ajouter 1 à 49. Ensuite, j'ajoute le reste, donc 50 + 23 = 73.

2. 38 + 53 = __91__

   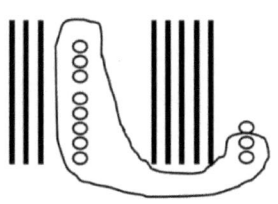

   > Je peux montrer chaque numéro avec des retenues et des unités. Quand je les regarde, je peux faire un autre groupe de dix avec un reste. J'ai donc un total de 9 dizaines et 1 une, soit 91.

3. 25 + 58 = __83__

   20   5

   58 + 20 = 78
   78 + 5 = 83

   2   3

   > Je peux commencer avec 58 et ajouter 20. Pour ajouter 78 + 5, je peux diviser 5 en 2 et 3. C'est facile à résoudre dans ma tête parce que 78 + 2 = 80, et 3 de plus c'est 83.

4. 67 + 18 = __85__

   60 7   10 8

   60 + 10 = 70
   7 + 8 = 15
   70 + 15 = 85

   > Je peux décomposer les deux nombres en dizaines et en un. J'ajoute d'abord des dizaines et ensuite des unités. Je peux les combiner, donc 70 + 15 = 85.

Leçon 13 : Additionner une paire de nombres à deux chiffres quand les chiffres des unités ont une somme plus grande que 10 en utilisant la décomposition.

UNE HISTOIRE D'UNITÉS Leçon 13 Devoirs 1•6

Nom _____ Date _____

1. Résous et montre ton travail.

a. 15 + 26 = _____	b. 46 + 49 = _____	c. 28 + 54 = _____
d. 69 + 13 = _____	e. 69 + 23 = _____	f. 69 + 19 = _____
g. 49 + 43 = _____	h. 57 + 36 = _____	i. 68 + 23 = _____

Leçon 13 : Additionner une paire de nombres à deux chiffres quand les chiffres des unités ont une somme plus grande que 10 en utilisant la décomposition.

UNE HISTOIRE D'UNITÉS
Leçon 13 Devoirs 1•6

2. Résous et montre ton travail.

a. 34 + 47 = _____	b. 38 + 45 = _____	c. 68 + 23 = _____
d. 39 + 57 = _____	e. 38 + 44 = _____	f. 17 + 76 = _____
g. 68 + 24 = _____	h. 18 + 77 = _____	i. 14 + 67 = _____

Leçon 13 : Additionner une paire de nombres à deux chiffres quand les chiffres des unités ont une somme plus grande que 10 en utilisant la décomposition.

UNE HISTOIRE D'UNITÉS   Leçon 14 Aide aux devoirs   1•6

Résous et montre ton travail.

1. $38 + 46 = \underline{84}$
       / \
     2   44

   $38 + 2 = 40$
   $40 + 44 = 84$

   > D'abord, je pense à faire les dix prochaines ! Je peux diviser 46 et ajouter 2 à 38, ce qui fait 40. Ensuite, j'ajoute le reste, donc 40 + 44 = 84.

2. $26 + 55 = \underline{81}$
       / \
    20   6

   $55 + 20 = 75$
   $75 + 6 = 81$
       / \
     5   1

   > Cette fois, je peux commencer avec 55 et en ajouter 20. Ensuite, pour ajouter 75 + 6, je peux diviser 6 en 5 et 1 pour faire une dizaine. 75 + 5 = 80, et 1 de plus égale 81.

3. $68 + 17 = \underline{85}$
    / \   / \
   60   8   10   7

   $60 + 10 = 70$
   $8 + 7 = 15$
   $70 + 15 = 85$

   > Je peux décomposer les deux nombres en dizaines et en unités. J'ajoute d'abord des dizaines et ensuite des unités. Je peux les combiner, donc 70 + 15 = 85.

Leçon 14 :   Additionner une paire de nombres à deux chiffres quand les chiffres des unités ont une somme plus grande que 10 en utilisant la décomposition.

Nom _____ Date _____

1. Résous et montre ton travail.

a. 68 + 21 = _____	b. 59 + 32 = _____
c. 39 + 44 = _____	d. 58 + 36 = _____
e. 76 + 17 = _____	f. 68 + 26 = _____
g. 56 + 39 = _____	h. 58 + 29 = _____

UNE HISTOIRE D'UNITÉS   Leçon 14 Devoirs   1•6

2. Résous et montre ton travail.

a. 39 + 41 = _____

b. 48 + 43 = _____

c. 87 + 13 = _____

d. 59 + 25 = _____

e. 65 + 27 = _____

f. 27 + 67 = _____

g. 49 + 39 = _____

h. 38 + 58 = _____

Leçon 14 : Additionner une paire de nombres à deux chiffres quand les chiffres des unités ont une somme plus grande que 10 en utilisant la décomposition.

UNE HISTOIRE D'UNITÉS   Leçon 15 Aide aux devoirs   1•6

Résous en utilisant des dizaines rapides et des dessins des unités. Rappelle-toi d'aligner les dizaines avec des dizaines et les unités avec les unités. Écris le total en dessous de ton dessin.

1. $49 + 23 =$ __72__

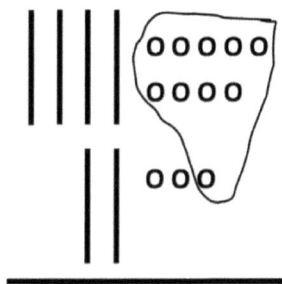

49 correspond à 4 dizaines et 9 unités. 23 correspond à 2 dizaines et 3 unités. Je peux aligner les dizaines et ceux à ajouter. J'ajoute les unités en premier. 9 unités et 3 unités, c'est 12 unités. C'est 10 and 2. Je peux entourer une nouvelle dizaine et l'ajouter à 6 dizaines. Maintenant, j'ai 7 dizaines et 2 unités.

2. $26 + 68 =$ __94__

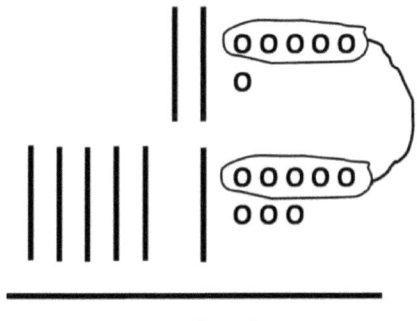

Je m'assure de tirer chaque numéro avec des retenues et des unités. Quand je tire le nombre 68, je mets les 6 dizaines sous les 2 dizaines, et je mets les 8 unités sous les 6 unités de 26. Regardez, mes retraits de 5 groupes m'aident à faire des dizaines tout de suite !

Leçon 15 : Additionner une paire de nombres à deux chiffres quand les chiffres des unités ont une somme plus grande que 10 avec dessin. Note le total ci-dessous.

UNE HISTOIRE D'UNITÉS | Leçon 15 Aide aux devoirs | 1•6

Nom _____ Date _____

1. Résous en utilisant des dizaines rapides et des dessins des unités. Rappelle-toi d'aligner les dizaines avec les dizaines et les unités avec les unités. Écris le total en dessous de ton dessin.

a. 39 + 42 = _____	b. 48 + 36 = _____
c. 31 + 48 = _____	d. 47 + 34 = _____
e. 57 + 39 = _____	f. 58 + 27 = _____

Leçon 15 : Additionner une paire de nombres à deux chiffres quand les chiffres des unités ont une somme plus grande que 10 avec dessin. Note le total ci-dessous.

2. Résous en utilisant des dizaines et des unités rapides. Rappelle-toi d'aligner les dizaines avec des dizaines et les unités avec les unités. Écris le total en dessous de ton dessin.

a. 59 + 25 = ____	b. 48 + 42 = ____
c. 39 + 53 = ____	d. 78 + 14 = ____
e. 57 + 25 = ____	f. 69 + 27 = ____

Résous en utilisant des dizaines rapides et des dessins des unités. Rappelle-toi d'aligner tes dessins et réécris la phrase numérique verticalement.

1. $49 + 36 =$ __85__

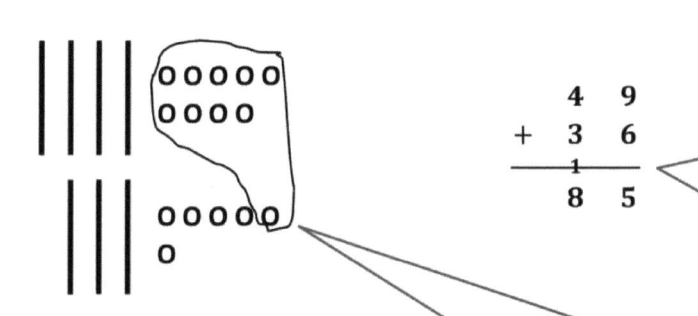

Je peux extraire 49 comme 4 retenues de 10 et 9 unités. Donc, j'écris 4 à la place des dizaines et 9 à la place des unités. Je fais la même chose avec 36. J'ajoute 4 dizaines à 3 dizaines et 9 unités à 6 unités. 9 + 6 = 15. Cela fait 1 dizaine 5 unités. Regardez où j'inscris la nouvelle dizaine !

9 a besoin de 1 de 6 pour arriver à 10. 10 et 5 =15.

2. $18 + 78 =$ __96__

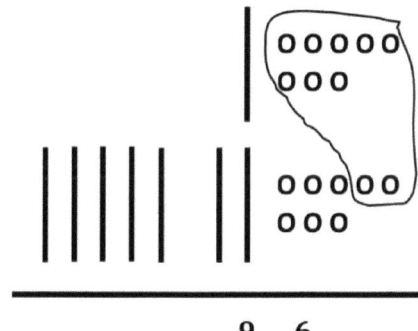

Lorsque j'ajoute 8 plus 8, j'obtiens 16, c'est-à-dire 1 dizaine et 6 unités. J'enregistre les nouveaux dizaine sous le deuxième chiffre à la place des dizaines. 1 dizaine + 7 dizaines + 1 dizaine = 9 dizaines.

8 a besoin de 2 de 8 pour arriver à 10. 10 et 6 font 16.

UNE HISTOIRE D'UNITÉS Leçon 16 Devoirs 1•6

Nom _____ Date _____

1. Résous en utilisant des dizaines rapides et des dessins des unités. Rappelle-toi d'aligner tes dessins et réécris la phrase numérique verticalement.

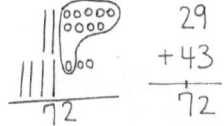

a. 39 + 45 = ____	b. 64 + 28 = ____
c. 47 + 38 = ____	d. 53 + 27 = ____
e. 38 + 48 = ____	f. 53 + 45 = ____

Leçon 16 : Additionner une paire de nombres à deux chiffres quand les chiffres des unités ont une somme plus grande que 10 avec dessin. Note la nouvelle dizaine ci-dessous.

UNE HISTOIRE D'UNITÉS　　　　　　　　　　　　　　　　Leçon 16 Devoirs 1•6

2. Résous en utilisant des dizaines et des unités rapides. Rappelle-toi d'aligner tes dessins et réécris la phrase numérique verticalement.

a. 79 + 14 = _____	b. 28 + 47 = _____
c. 58 + 33 = _____	d. 19 + 66 = _____
e. 39 + 59 = _____	f. 49 + 48 = _____

Résous en utilisant des dizaines rapides et des dessins des unités. Rappelle-toi d'aligner tes dessins et réécris la phrase numérique verticalement.

1. 58 + 32 = __90__

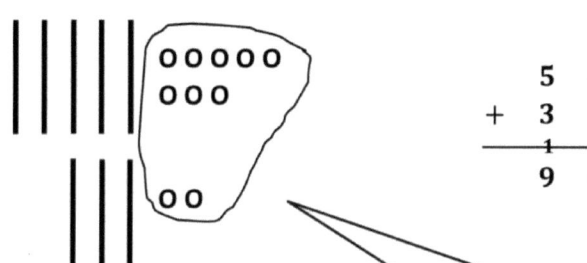

$$\begin{array}{r} 5\,8 \\ +\,3\,2 \\ \hline {\scriptstyle 1} \\ 9\,0 \end{array}$$

Je peux extraire 58 comme 5 retenues de 10 et 8 unités. Donc, j'écris 5 à la place des dizaines et 8 à la place des unités. Je fais la même chose avec 32. J'ajoute 5 dizaines à 3 dizaines et 8 à 2 unités : 8 + 2 = 10. Cela fait 1 dizaine 0 unités. Regardez où j'inscris la nouvelle dizaine !

8 a besoin de 2 pour faire 10. Maintenant, il reste 0 unités.

2. 28 + 49 = __77__

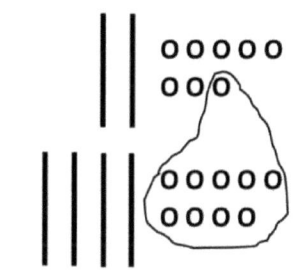

$$\begin{array}{r} 2\,8 \\ +\,4\,9 \\ \hline {\scriptstyle 1} \\ 7\,7 \end{array}$$

Lorsque j'ajoute 8 unités plus 9 unités, j'obtiens 17, c'est-à-dire 1 dizaine et 7 unités. J'enregistre les nouveaux dizaine sous le deuxième chiffre à la place des dizaines. 2 dizaines + 4 dizaines + 1 dizaine = 7 dizaines.

9 a besoin de 1 de 8 pour arriver à une nouvelle dizaine. Maintenant, il y a 7 dizaines et 7 unités.

UNE HISTOIRE D'UNITÉS Leçon 17 Devoirs 1•6

Nom _____ Date _____

1. Résous en utilisant les dessins des dizaines et unités rapides. Rappelle-toi d'aligner tes dizaines et unités et réécris la phrase numérique verticalement.

a. 49 + 33 = ____	b. 68 + 32 = ____
c. 36 + 43 = ____	d. 27 + 67 = ____
e. 78 + 17 = ____	f. 69 + 28 = ____

Leçon 17 : Additionner une paire de nombres à deux chiffres quand les chiffres des unités ont une somme plus grande que 10 avec dessin. Note la nouvelle dizaine ci-dessous.

UNE HISTOIRE D'UNITÉS

Leçon 17 Devoirs 1•6

2. Résous en utilisant les dessins des dizaines et unités rapides. Rappelle-toi d'aligner tes dizaines et unités et réécris la phrase numérique verticalement.

a. 29 + 52 = _____

b. 58 + 31 = _____

c. 73 + 26 = _____

d. 67 + 28 = _____

e. 41 + 59 = _____

f. 48 + 45 = _____

Utilise la méthode que tu préfères pour résoudre les problèmes ci-dessous.

1. $44 + 23 = \underline{67}$

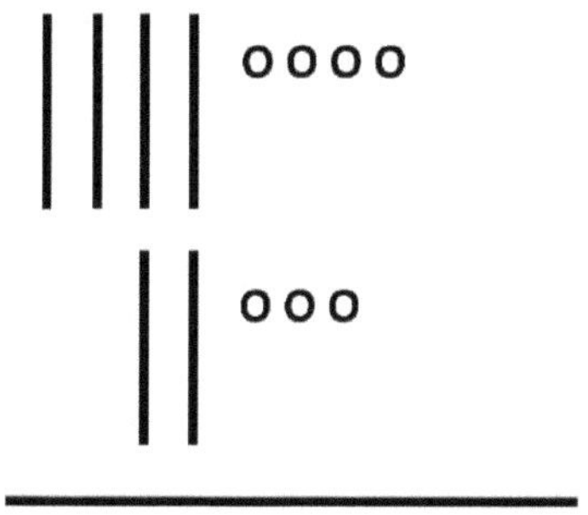

|||| oooo

$\begin{array}{r} 4\,4 \\ +\ 2\,3 \\ \hline 6\,7 \end{array}$

|| ooo

_____
6 7

> Je peux extraire des retenues de 10 et des unités pour m'aider. Les lignes représentent les dizaines. Les cercles représentent les unités. Je sais qu'il est important d'aligner soigneusement les dizaines avec les dizaines et les unités avec les unités.

2. $57 + 23 = \underline{80}$

   20   3

$57 \xrightarrow{+20} 77 \xrightarrow{+3} 80$

> Je veux utiliser les flèches comme stratégie. Je peux diviser 23 en 20 et 3. Je peux d'abord ajouter 20, puis 3.

3. $48 + 15 = \underline{63}$

   2   13

$48 + 2 = 50$
$50 + 13 = 63$

> 48 est si proche de 50. Je peux utiliser la stratégie "casser une dizaine". 48 a besoin de 2 de plus pour arriver à 50. Je peux diviser 15 en 2 et 13. Je peux d'abord ajouter 48 + 2 = 50. Je peux ensuite ajouter le reste, 50 + 13 = 63.

UNE HISTOIRE D'UNITÉS   Leçon 18 Devoirs   1•6

Nom _____   Date _____

Utilise la méthode que tu préfères pour résoudre les problèmes ci-dessous.

1.
   61 + 15 = _____

2.
   16 + 51 = _____

3.
   37 + 45 = _____

4.
   27 + 46 = _____

5.
   58 + 27 = _____

6.
   38 + 48 = _____

Leçon 18 : Additionner une paire de nombres à deux chiffres avec des sommes variées dans les unités, et comparer les résultats de différentes méthodes de notation.

UNE HISTOIRE D'UNITÉS   Leçon 19 Aide aux devoirs   1•6

Utilise la stratégie que tu préfères pour résoudre les problèmes ci-dessous.

1. $64 + 33 = \underline{97}$

   60   4   30   3

   $60 + 30 = 90$

   $4 + 3 = 7$

   $90 + 7 = 97$

   > Je peux utiliser des liens numériques à double chiffres et séparer les DEUX numéros. Je peux additionner les dizaines aux dizaines, 6 dizaines + 3 dizaines = 9 dizaines, et les unités aux unités, 4 unités + 3 unités = 7 unités. Ensuite, j'additionne toutes mes dizaines et mes unités, 9 dizaines + 7 unités = 97 unités.

2. $37 + 35 = \underline{72}$

   30   5

   $37 \xrightarrow{+30} 67 \xrightarrow{+5} 72$

   > Je voudrais décomposer un seul de ces chiffres. Si je divise 35 en 30 et 5, je peux d'abord ajouter 30 et ensuite ajouter 5. La technique des flèches est une façon de montrer mon raisonnement.

3. $38 + 25 = \underline{63}$

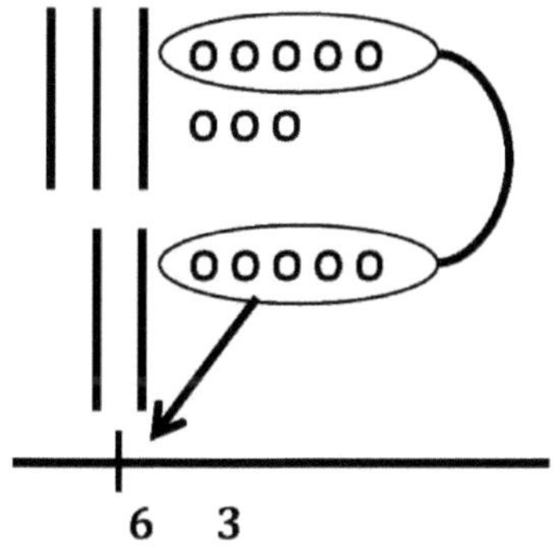

   ```
       3 8
   +   2 5
     ─────
       1
       6 3
   ```

   > Une autre stratégie que je peux utiliser consiste à utiliser des retenues de 10 et des unités. 8 unités + 5 unités = 13 unités. Je peux en regrouper 10 unités pour en faire 1 dizaine. Il me reste trois. 3 dizaines + 2 dizaines + 1 dizaine = 6 dizaines. Il y a 6 dizaines et 3 unités !

Leçon 19 : Résoudre et partager des stratégies pour additionner des nombres à deux chiffres avec des sommes variées.

UNE HISTOIRE D'UNITÉS   Leçon 19 Devoirs 1•6

Nom _____   Date _____

Utilise la stratégie que tu préfères pour résoudre les problèmes ci-dessous.

1.
   53 + 22 = _____

2.
   23 + 52 = _____

3.
   76 + 14 = _____

4.
   76 + 16 = _____

5.
   55 + 35 = _____

6.
   54 + 46 = _____

Leçon 19 : Résoudre et partager des stratégies pour additionner des nombres à deux chiffres avec des sommes variées.

Utilise la stratégie que tu préfères pour résoudre les problèmes ci-dessous.

7. 49 + 25 = _____

8. 49 + 45 = _____

9. 37 + 37 = _____

10. 37 + 57 = _____

11. 24 + 48 = _____

12. 26 + 68 = _____

Leçon 20 Aide aux devoirs

1. Relie

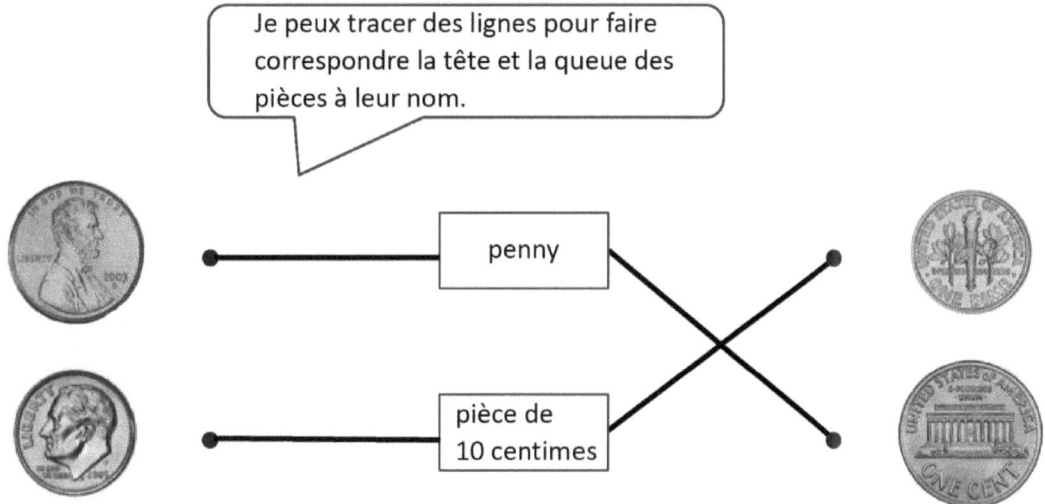

2. Raie des pennies pour que les pennies restants indiquent la valeur de la pièce à gauche.

Un nickel vaut 5 centimes. Si je barre 1 penny, les pennies restants indiquent la valeur de 1 nickel.

UNE HISTOIRE D'UNITÉS Leçon 20 Aide aux devoirs 1•6

3. Marcus a 7 centimes dans sa poche. Dessine des pièces pour montrer deux manières différentes dont il pourrait avoir 7 centimes.

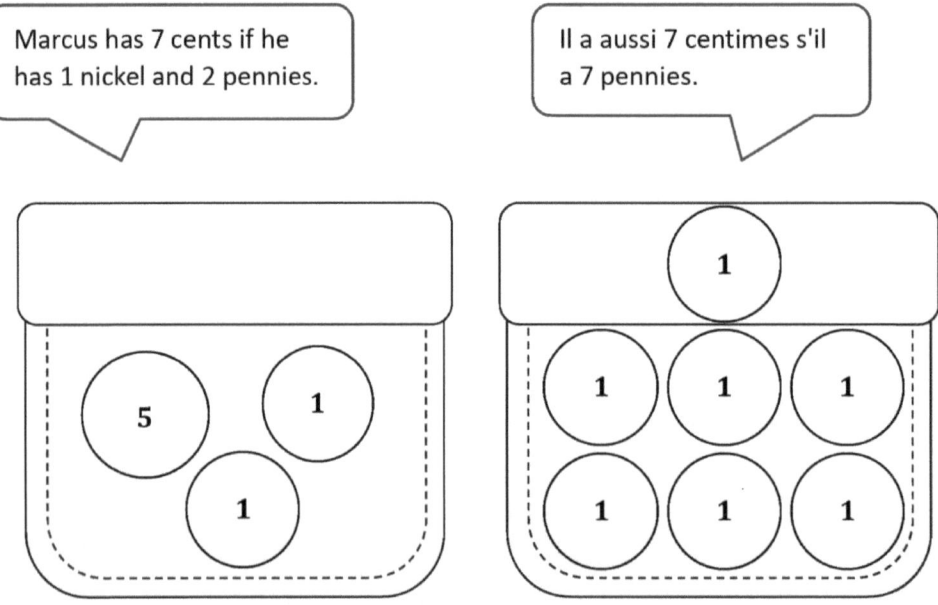

4. Résous. Relie la phrase numérique avec la pièce ou les pièces qui donnent la réponse.

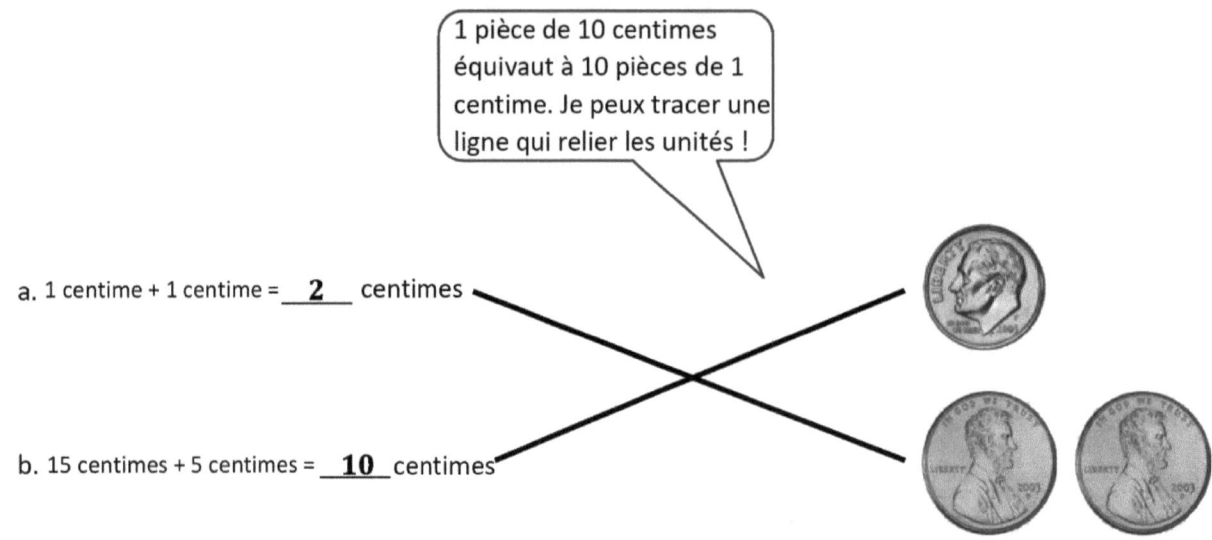

Nom _____ Date _____

1. Relie

2. Raie des pennies pour que les pennies restants indiquent la valeur de la pièce à gauche.

   a.

   b.

3. Maria a 5 centimes dans sa poche. Dessine des pièces pour montrer deux manières différentes dont elle pourrait avoir 5 centimes.

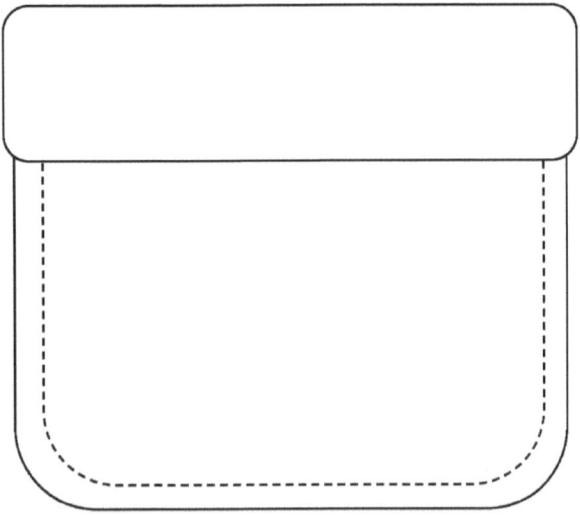
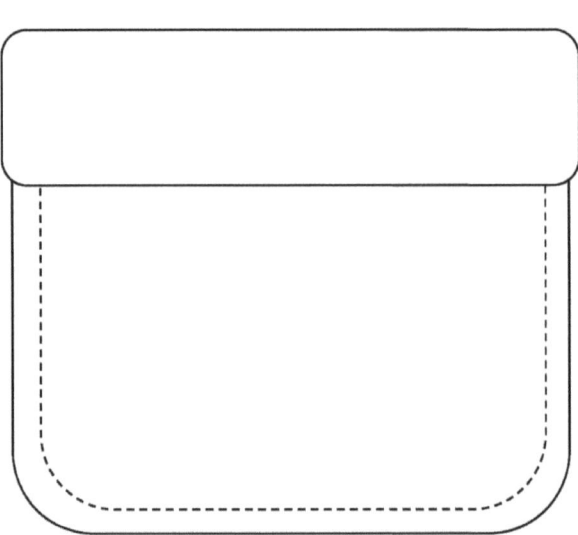

4. Résous. Relie la phrase numérique avec la pièce (ou les pièces) qui donne(nt) la réponse.

   a. 10 centimes + 10 centimes = _____ centimes   ●   ●

   b. 10 centimes - 5 centimes = _____ centimes   ●   ●

   c. 20 centimes - 10 centimes = _____ centimes   ●   ●

   d. 9 centimes - 8 centimes = _____ centimes   ●   ●

1. Utilise la banque de mots pour étiqueter les pièces.

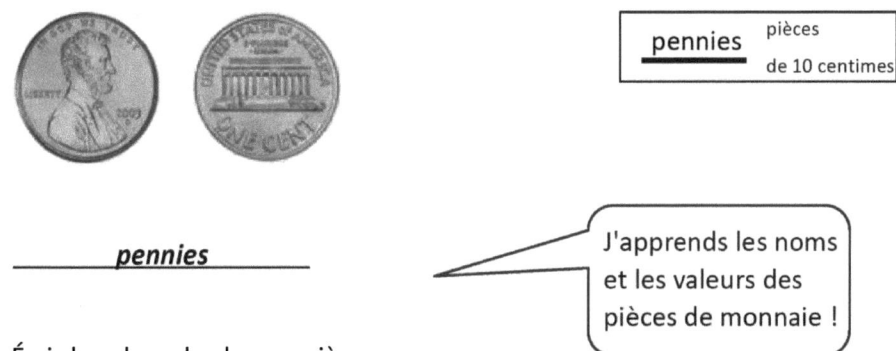

_____ ***pennies*** _____

2. Écris la valeur de chaque pièce.

   La valeur d' 1 penny est __**1**__ centime.

3. Ton papa a dit qu'il te donnerait 1 dime o 1 penny. Laquelle prendrais-tu, et pourquoi?

   Je prendrais 1 dime parce qu'il vaut 10 centimes. Un penny vaut seulement 1 centime.

   Je prendrais le dime parce que c'est plus d'argent!

4. Kira a 10 centimes dans sa tirelire. Quelle(s) pièce (ou pièces) pourrai(en)t être dans sa tirelire? Dessine pour montrer deux ensembles différents de pièces qui pourraient être dans la tirelire de Kira.

Nom _____ Date _____

1. Utilise la banque de mots pour étiqueter les pièces.

   | dimes   nickels   pennies   quarters |

   a. _____   b. _____   c. _____   d. _____

2. Écris la valeur de chaque pièce.

   a. La valeur d'un dime est _____ centime(s).

   b. La valeur d'un penny est _____ centime(s).

   c. La valeur d'un nickel est _____ centime(s).

   d. La valeur d'un quarter est _____ centime(s).

3. Ta maman a dit qu'elle te donnerait 1 nickel ou 1 quarter. Quelle pièce prendrais-tu, et pourquoi?

   _____

   _____

   _____

   _____

Leçon 21 : Identifier les quarters par leurs image, nom et valeur. Décomposer la valeur d'un quarter en utilisant les pennies, nickels et les dimes.

4. Lee a 25 centimes dans sa tirelire. Quelles pièce ou pièces pourraient être dans sa tirelire?

   a. Dessine pour montrer les pièces qui pourraient être dans la tirelire de Lee.

   b. Dessine un ensemble différent de pièces qui pourraient être dans la tirelire de Lee.

1. Relie l'étiquette aux bonnes pièces, et écris la valeur. Il pourrait y avoir plus qu'une correspondance pour chaque nom de pièce.

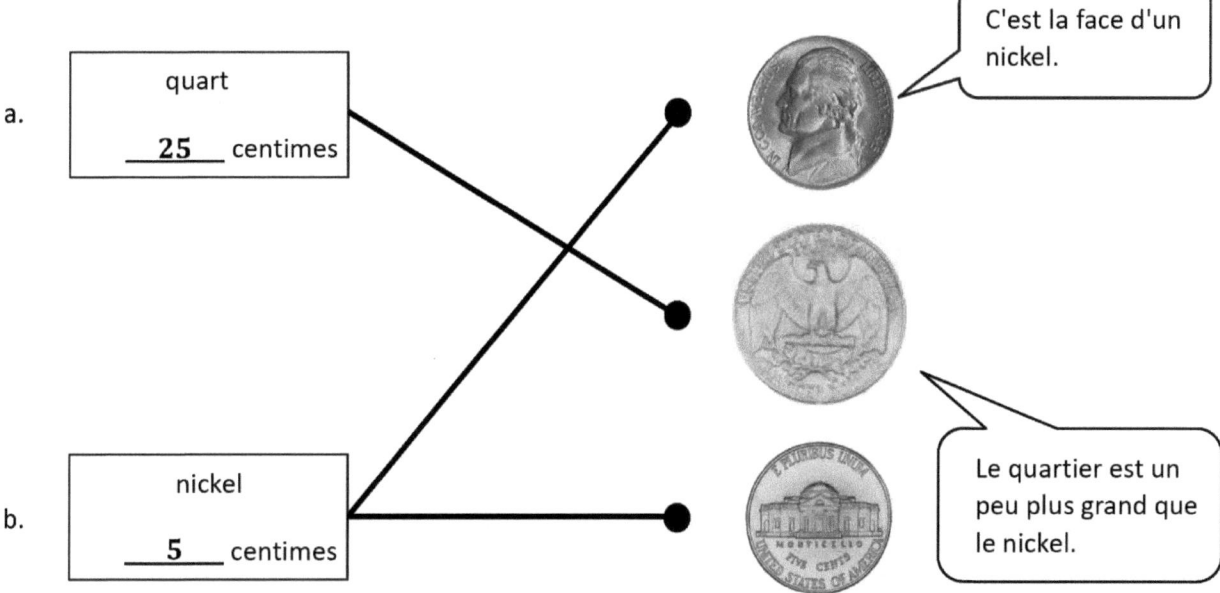

2. Brian a 4 pièces dans sa poche, et Larry a 2 pièces. Larry a plus d'argent que Brian. Dessine une image pour montrer les pièces que chaque garçon pourrait avoir.

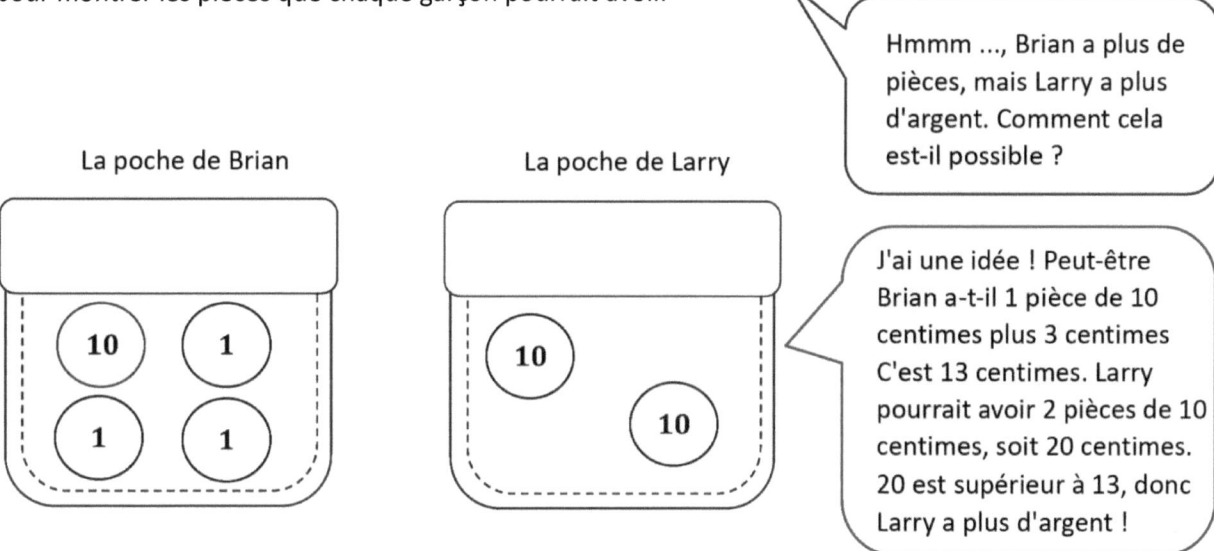

Leçon 22 : Identifier des pièces variées par leurs image, nom et valeur. Ajouter un centime à la valeur de n'importe quelle pièce.

UNE HISTOIRE D'UNITÉS   Leçon 22 Devoirs   1•6

Nom _____   Date _____

1. Relie l'étiquette aux bonnes pièces, et écris la valeur. Il y a plus d'une correspondance pour chaque nom de pièce.

   a. **nickel**

   _____ centimes

   b. **pièce de 10 centimes**

   _____ centimes

   c. **quart**

   _____ centimes

   d. **penny**

   _____ centime

Leçon 22 : Identifier des pièces variées par leurs image, nom et valeur. Ajouter un centime à la valeur de n'importe quelle pièce.

2. Lee a une pièce dans sa poche et Pedro a 3 pièces. Pedro a plus d'argent que Lee. Dessine une image pour montrer les pièces que chaque garçon pourrait avoir.

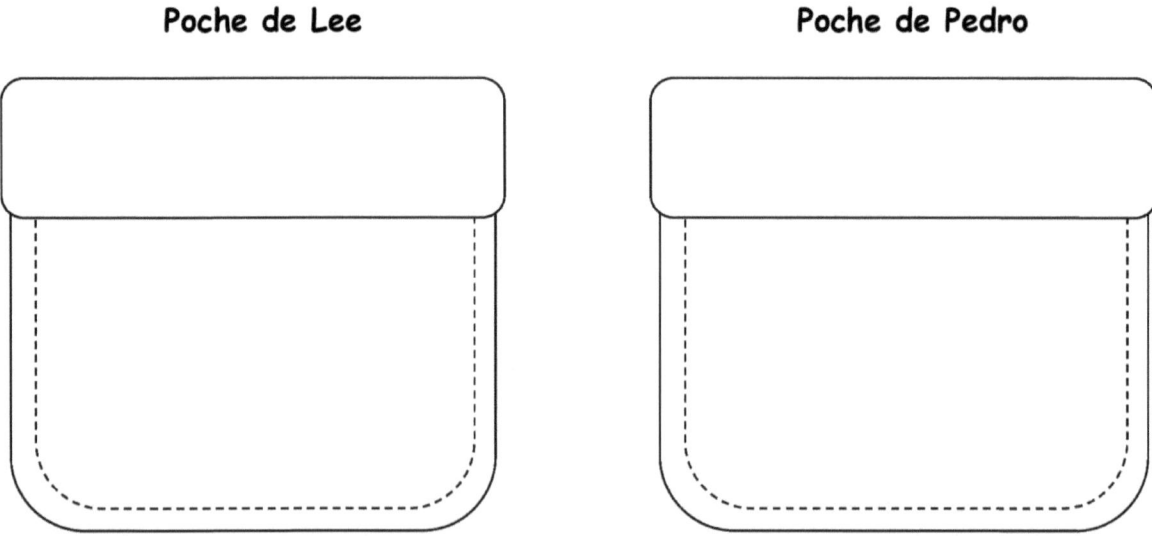

3. Bailey a 4 pièces dans sa poche et Ingrid a 4 pièces. Ingrid a plus d'argent que Bailey. Dessine une image pour montrer les pièces que chaque fille pourrait avoir.

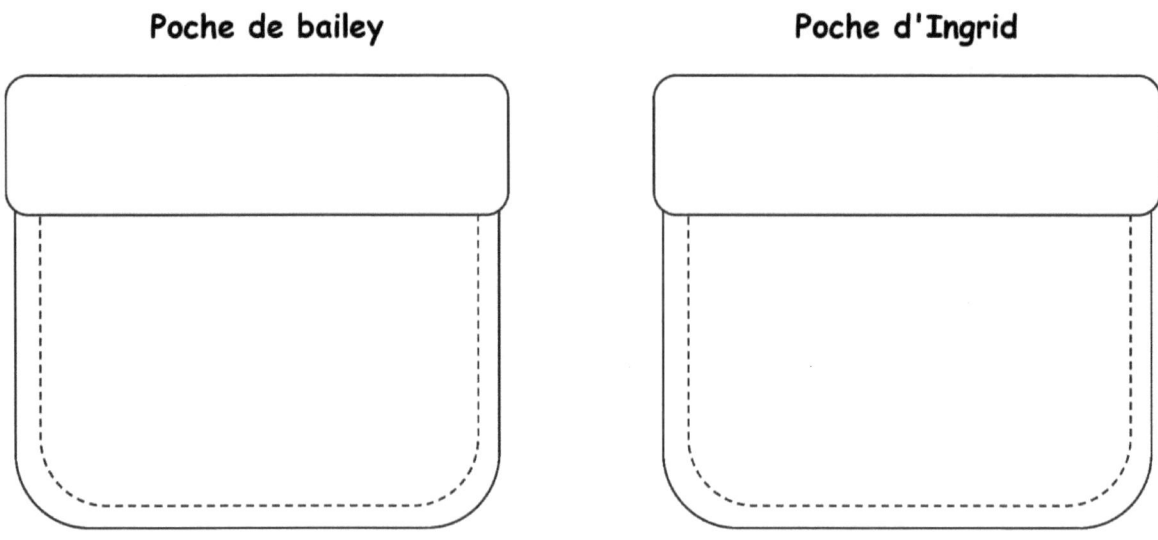

1. Ajoute des pennies pour montrer le montant écrit.

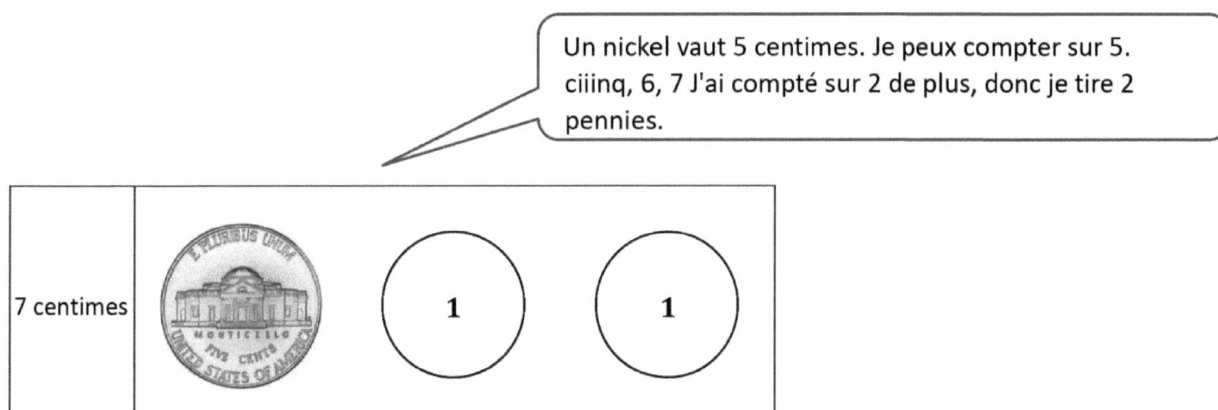

Un nickel vaut 5 centimes. Je peux compter sur 5. ciiinq, 6, 7 J'ai compté sur 2 de plus, donc je tire 2 pennies.

2. Écris la valeur du groupe de pièces.

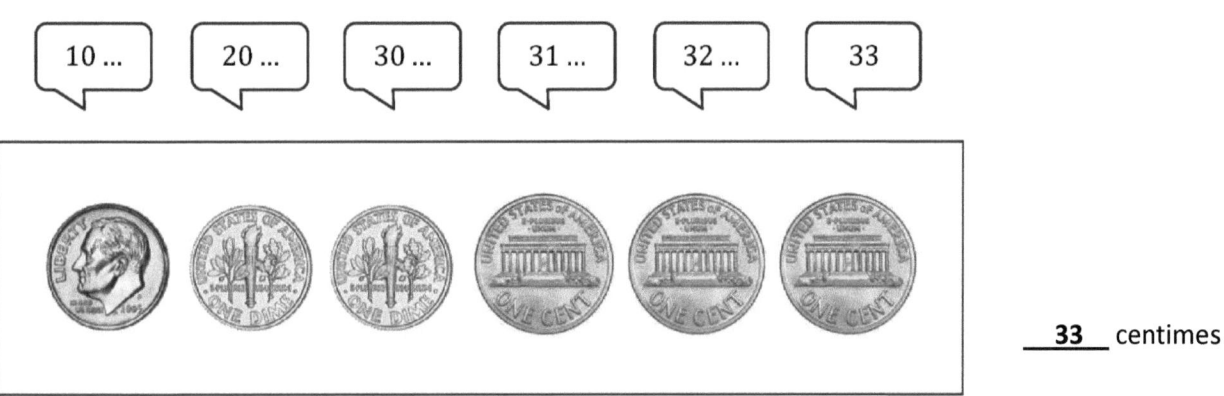

___33___ centimes

Nom _____ Date _____

1. Ajoute des pennies pour montrer le montant écrit.

a.	15 centimes	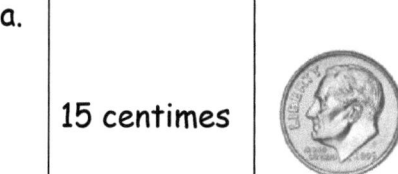
b.	28 centimes	
c.	22 centimes	
d.	32 centimes	

2. Écris la valeur de chaque groupe de pièces.

a. 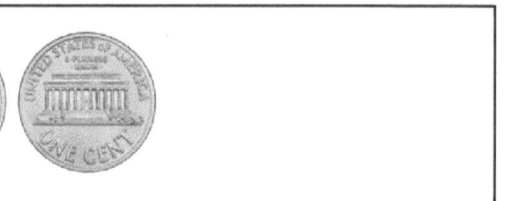 _____ centimes

b.  _____ centimes

c.  _____ centimes

d.  _____ centimes

e.  _____ centimes

UNE HISTOIRE D'UNITÉS   Leçon 24 Aide aux devoirs   1•6

1. Trouve la valeur de chaque ensemble de pièces. Complète le tableau de valeur de position. Écris une phrase d'addition pour additionner la valeur des dimes et la valeur des pennies.

1 pièce de 10 centimes = 1 dizaine.
Il y a 10 pièce de 10 centimes, donc il y a 10 dizaines.

1 penny = 2 unités

dizaines	unités
10	1

$100 + 1 = 101$

10 dizaines + 1 une est la même chose que $100 + 1$.
$100 + 1 = 101$

Leçon 24 : Utiliser des dimes et des pennies comme représentations de nombres jusqu'à 120.

UNE HISTOIRE D'UNITÉS Leçon 24 Aide aux devoirs 1•6

2. Vérifie l'ensemble qui indique le même montant. Remplis le tableau de valeur de position pour qu'il corresponde à 100 centimes.

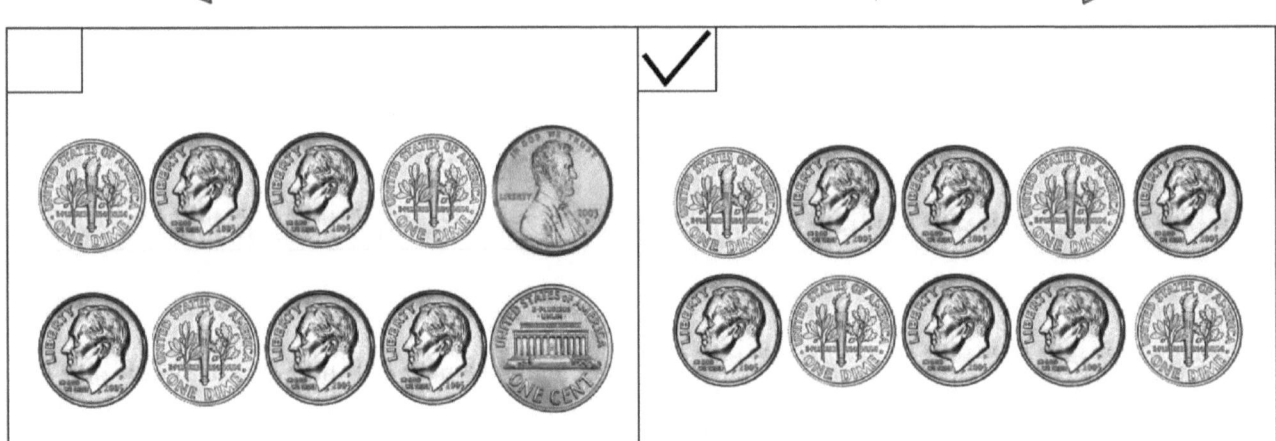

Il y a 8 pièce de 10 centimes et 2 centimes, donc il y a 8 dizaines et 2 unités : 80 + 2 = 82.
Cet ensemble montre 82 centimes.

Il y a 8 pièce de 10 centimes et 0 centimes, donc il y a 8 dizaines et 0 unités : 100 + 0 = 100.
Cet ensemble montre 100 centimes.

3. Dessine 43 centimes en utilisant des dimes et des pennies. Remplis le tableau de valeur de position pour qu'il corresponde.

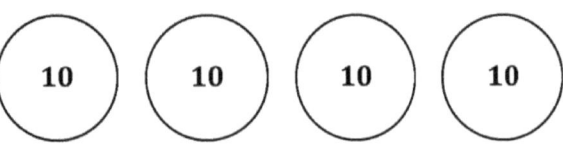

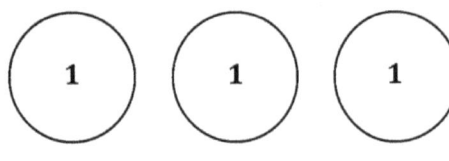

Je peux gagner 43 centimes avec 4 dimes et 3 pennies. Cela fait 4 dizaines et 3 unités !

274 Leçon 24 : Utiliser des dimes et des pennies comme représentations de nombres jusqu'à 120.

UNE HISTOIRE D'UNITÉS Leçon 24 Devoirs 1•6

Nom _____ Date _____

1. Trouve la valeur de chaque ensemble de pièces. Complète le tableau de valeur de position. Écris une phrase d'addition pour additionner la valeur des dimes et la valeur des pennies.

   a.

dizaines	unités

   _____

   b.

dizaines	unités

   _____

   c.

dizaines	unités

   _____

Leçon 24 : Utiliser des dimes et des pennies comme représentations de nombres jusqu'à 120.

2. Vérifie l'ensemble qui indique le bon montant. Remplis le tableau de valeur de position pour qu'il corresponde.

110 centimes

dizaines	unités

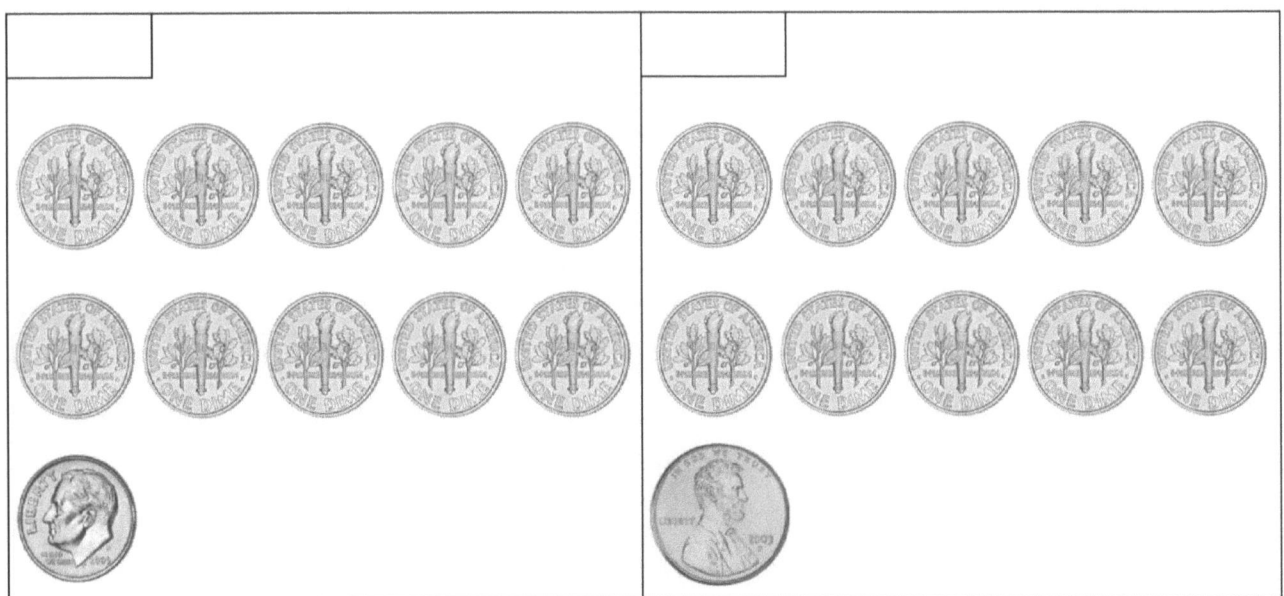

3. a. Dessine 79 centimes en utilisant des dimes et des pennies. Remplis le tableau de valeur de position pour qu'il corresponde.

dizaines	unités

b. Dessine 118 centimes en utilisant des dimes et des pennies. Remplis le tableau de valeur de position pour qu'il corresponde.

dizaines	unités

UNE HISTOIRE D'UNITÉS — Leçon 25 Aide aux devoirs — 1•6

Lis le problème.
Dessine un diagramme en bande ou un diagramme en double bande et étiquette-le.
Écris une phrase numérique et un énoncé qui correspond à l'histoire.

1. Maria a utilisé 16 perles pour faire un bracelet. Maria a utilisé 5 perles de plus que Kim. Combien de perles Kim a-t-elle utilisées pour faire son bracelet?

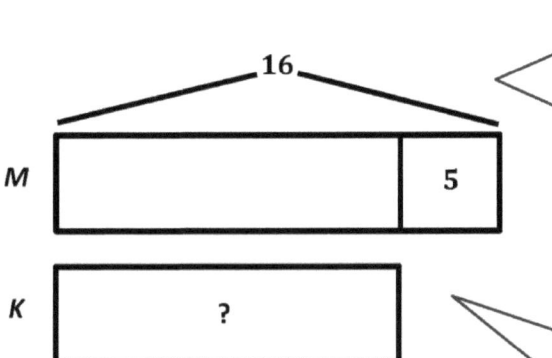

$16 - 5 = \boxed{11}$

Kim a utilisé 11 perles.

Je peux dessiner un diagramme à double ruban pour comparer les perles de Maria et de Kim. Je peux dessiner les bandes de Maria et de Kim avec la même longueur. Comme je sais qu'ils n'ont pas la même quantité de perles, je me demande : "Qui en a plus ? Maria! Elle a 5 perles de plus que Kim. Je vais en ajouter d'autres à la cassette de Maria et l'étiqueter avec 5 car elle a 5 perles de plus que Kim.

Je peux dessiner des bras pour inclure les deux parties de la bande de Maria parce que l'ensemble est de 16. La première partie de la cassette de Maria est égale à celle de Kim, donc si je trouve la première partie de Maria, je connaîtrai aussi la cassette de Kim !

2. Leo a cueilli 14 fraises. Leo a cueilli 4 fraises de moins qu'Agnes. Combien de fraises Agnes a-t-elle cueillies?

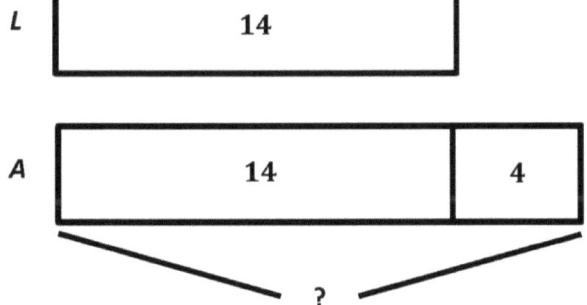

$14 + 4 = \boxed{18}$

Agnès a cueilli 18 fraises.

Je ralentis et je lis attentivement chaque partie du problème. Si Leo a cueilli 4 fraises de moins qu'Agnès, alors Agnès en a 4 de plus que Leo ! C'est une addition, pas une soustraction !

Leçon 25 : Résoudre des problèmes de type *comparer avec une inconnue plus grande ou plus petite*.

Nom _____ Date _____

Lis le problème.
Dessine un diagramme en bande ou un diagramme en double bande et étiquette-le.
Écris une phrase numérique et une déclaration qui correspondent à l'histoire.

Exemple de diagramme en bande

1. Julio a écouté 7 chansons à la radio. Lee a écouté 3 chansons de plus que Julio. Combien de chansons Lee a-t-il écoutées?

2. Shanika a attrapé 14 coccinelles Elle a attrapé 4 coccinelles de plus que Willie. Combien de coccinelles Willie a-t-il attrapées?

3. Rose a emballé 3 boîtes de plus que sa sœur pour démanger dans leur nouvelle maison. Sa sœur a emballé 11 boîtes. Combien de boîtes Rose a-t-elle emballées?

4. Tamra a décoré 13 biscuits. Tamar a décoré 2 biscuits de moins qu'Emi. Combien de biscuits Emi a-t-elle décorés?

5. Le frère de Rose a touché 12 balles de tennis. Rose a touché 6 balles de tennis en moins que son frère. Combien de balles de tennis Rose a-t-elle touchées?

6. Avec son appareil photo, Darnel a pris 5 photos de plus que Kiana. Il a pris 13 photos. Combien de photos Kiana a-t-elle prises?

UNE HISTOIRE D'UNITÉS   Leçon 26 Aide aux devoirs

Lis le problème.
Dessine un diagramme en bande ou un diagramme en double bande et étiquette-le.
Écris une phrase numérique et un énoncé qui correspond à l'histoire.

1. Ruben a 13 marqueurs. Nashrah a 4 marqueurs de moins que Ruben. Combien de marqueurs Nashrah a-t-elle?

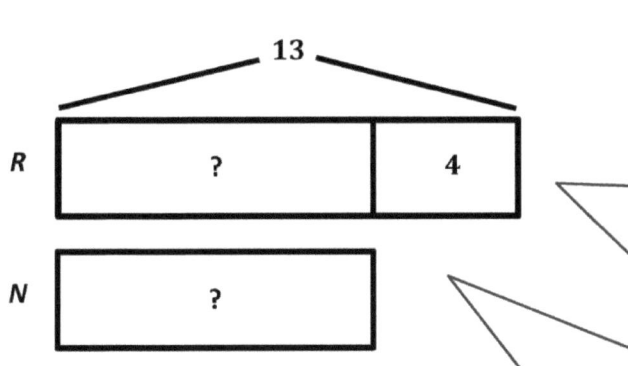

Je peux dessiner un diagramme à double bande avec des bandes égales pour Ruben et Nashrah. Comme je sais qu'ils n'ont pas un nombre égal de marqueurs, je me demande qui en a le plus ? Puisque Nashrah a moins de marqueurs, et que je sais que Ruben en a 4 de plus, je vais en ajouter à la bande de Ruben et l'étiqueter avec 4 puisqu'il a 4 marqueurs de plus.

$13 - 4 = \boxed{9}$

Je peux dessiner des bras pour montrer le total de Ruben, qui est de 13 marqueurs. La première partie de la bande de Nashrah est égale à celle de Ruben, donc si je comprends la première partie de Ruben, je saurai combien de marqueurs possède Nashrah. Je peux utiliser la soustraction pour résoudre le problème.

Nasrah a 9 marqueurs.

2. Emil a trouvé 12 feuilles dans la cour. Il a trouvé 3 feuilles de plus que Payton. Combien de feuilles Payton a-t-elle trouvées?

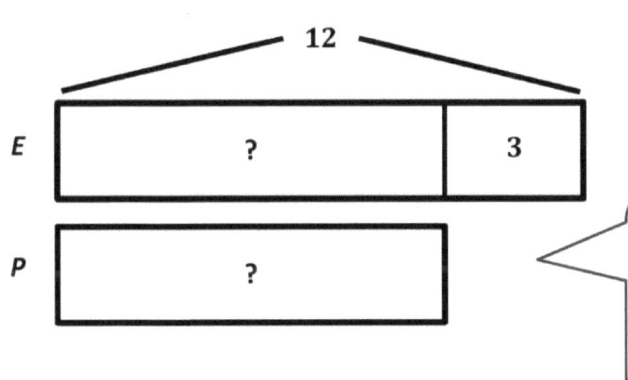

$12 - 3 = \boxed{9}$

Payton a trouvé 9 feuilles.

Je dois lire attentivement chaque partie du problème. Parfois, plus ne veut pas dire ajouter ! Comme Emil a trouvé 3 feuilles de plus que Payton, je dois faire une soustraction pour savoir combien de feuilles Payton a trouvé.

Leçon 26 : Résoudre des problèmes de type *comparer avec une inconnue plus grande ou plus petite*.

Nom _____ Date _____

Lis le problème.
Dessine un diagramme en bande ou un diagramme en double bande et étiquette-le.
Écris une phrase numérique et une déclaration qui correspondent à l'histoire.

Sample tape diagram

1. Fatima parcourt 15 pâtés de maisons de la maison à l'école. Ben parcourt 8 pâtés de maisons. Quelle distance Fatima parcourt-t-elle en plus de la maison à l'école que Ben ?

2. Maria a acheté un panier avec 13 fraises dedans. Darnel a acheté un panier avec 4 fraises de plus que Maria. Combien de fraises Darnel a-t-il dans son panier ?

3. Tamra a 5 livres empruntés de la bibliothèque. Kim a 11 livres empruntés de la bibliothèque. Combien de livres de moins Tamra a-t-elle empruntés que Kim ?

4. Kiana a cueilli 12 pommes à l'arbre. Elle a cueilli 6 pommes de moins que Willie. Combien de pommes Willie a-t-il cueillies à l'arbre?

5. Durant la récréation, Emi a trouvé 16 pierres. Elle a trouvé 5 pierres de plus que Peter. Combien de pierres Peter a-t-il trouvées?

6. L'équipe de football de première année se compose de 12 joueurs. L'équipe de première année a 6 joueurs de moins que l'équipe de deuxième année. Combien de joueurs se trouvent dans l'équipe de deuxième année?

UNE HISTOIRE D'UNITÉS Leçon 27 Aide aux devoirs 1•6

Lis le problème.
Dessine un diagramme en bande ou un diagramme en double bande et étiquette-le.
Écris une phrase numérique et un énoncé qui correspond à l'histoire.

1. Quelques enfants jouent au gymnase. 5 enfants sont arrivés pour les rejoindre et maintenant il y a 14 enfants. Combien d'enfants étaient au gymnase au début?

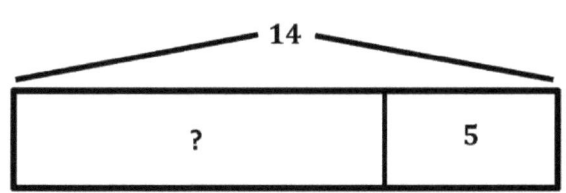

Ce problème me semble délicat car je ne sais pas combien d'enfants jouaient au début. C'est mon inconnue ! Ça aide quand je lis une phrase à la fois et que je dessine.

$14 - 5 = \boxed{9}$

Au début, 9 enfants se trouvaient dans le gymnase.

Mon dessin montre que je connais le tout et une des parties. Je peux utiliser la soustraction pour savoir combien d'enfants jouaient au début. Ou, j'aurais pu utiliser l'addition pour résoudre : ___ + 5 = 14.

2. Peter a fait du vélo pendant 11 minutes. Belle a fait du vélo pendant 7 minutes. Pendant combien de temps en moins Belle a-t-elle fait du vélo?

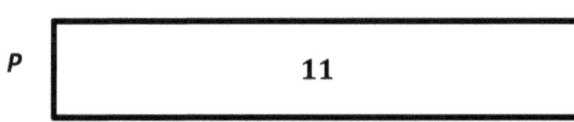

$7 + \boxed{4} = 11$

Le trajet en vélo de Belle a été raccourci de 4 minutes.

Comme je compare cette fois-ci, je dessine un diagramme à double bande. Comme Peter a fait du vélo pendant plus de minutes, sa cassette est plus longue que celle de Belle. Je peux utiliser l'addition pour résoudre la partie manquante, qui est de 4 minutes.

Leçon 27 : Partager et commenter les stratégies de ses camarades pour résoudre des problèmes variés.

Nom _____ Date _____

Lis le problème.
Dessine un diagramme en bande ou un diagramme en double bande et étiquette-le.
Écris une phrase numérique et un énoncé qui correspond à l'histoire.

Sample Tape Diagram

1. Huit élèves se sont mis en ligne pour aller au cours d'art. Quelques-uns de plus se sont mis en ligne pour aller au cours de musique. Ensuite, il y avait 12 élèves en file. Combien d'élèves se sont mis en ligne pour aller à la musique ?

2. Peter a roulé en vélo autour de 5 pâtés de maisons. Rose a roulé en vélo autour de 13 pâtés de maisons. Pendant combien de temps en moins Peter a-t-il roulé en vélo?

3. Lee et Anton ont ramassé 16 feuilles durant leur promenade. Neuf des feuilles étaient de Lee. Combien de feuilles étaient d'Anton?

4. L'équipe a compté 11 ballons de foot dans le filet. Ils ont compté 5 ballons de *foot* en moins en dehors du filet. Combien de ballons de foot étaient en dehors du filet?

5. Julio a aperçu 15 voitures circuler près de sa maison. Julio a aperçu 6 voitures de plus que Shanika. Combien de voitures Shanika a-t- elle aperçues?

6. Quelques élèves déjeunaient. Quatre élèves les ont rejoints. Maintenant, il y a 17 élèves en train de déjeuner. Combien d'élèves déjeunaient au début?

1. Montre à un membre de famille quelques-unes de nos activités de comptage. Coche toutes les activités vous faites ensemble.

   - [ ] Joyeux comptage par unités.
   - [X] Joyeux comptage par dizaines.
   - [X] Compte par unités à la façon Dire Dix.
   - [ ] Compte par dizaines à la façon Dire Dix.
     D'abord, commence à 0 puis commence à 7.
   - [X] Comptage en mouvement - Compte lors de la réalisation des flexions des jambes, en faisant tourner des bras, sauts à écart, etc.

   > Je peux m'entraîner à ces jeux mathématiques amusants avec un membre de ma famille ou un ami pour garder mes compétences en mathématiques à jour pendant l'été.

2. Écris les nombres de 96 à 115.

96	**97**	98	99	**100**	101	**102**	**103**	**104**	**105**

106	**107**	**108**	**109**	**110**	111	**112**	**113**	**114**	**115**

3. Compte à rebours par dizaines de 82 à 2.

   82, __**72**__, 62, __**52**__, __**42**__, __**32**__, 22, __**12**__, __**2**__

   > La pratique d'un jeu mathématique comme "Happy Counting" tout au long de l'année m'a aidé à compter en avant et en arrière. Regardez, je peux compter au-delà de 100 par unités et en arrière par dizaines ! Je ne pouvais pas faire ces deux choses quand j'ai commencé la première année. Maintenant, je peux les faire facilement.

Leçon 28 : Fêter les progrès de maîtrise avec des additions et des soustractions jusqu'à 10 (et 20). Organiser des entraînements estivaux stimulants.

Nom _____ Date _____

1. Montre à un membre de famille quelques-unes de nos activités de comptage. Coche toutes les activités vous faites ensemble.

   ☐ Joyeux comptage par unités.
   ☐ Joyeux comptage par dizaines
   ☐ Compte par unités à la façon Dire Dix.
   ☐ Compte par dizaines à la façon Dire Dix. D'abord, commence à 0 puis commence à 7.
   ☐ Comptage en mouvement - Compte lors de la réalisation des flexions des jambes, en faisant tourner des bras, sauts à écart, etc.

2. Écris les nombres de 91 à 120 :

| 91 | | 93 | | | | | | | |

| | | | | 105 | | | | | |

| | | | | | | | | 119 | |

1. Compte à rebours par dizaines de 97 à 7.

   97, ____, 77, ____, ____, ____, ____, ____, ____, ____,

4. Au dos de la page, écris autant de sommes et différences avec 20 que tu peux. Entoure celles qui étaient difficiles pour toi au début de l'année!

Leçon 28 : Fêter les progrès de maîtrise avec des additions et des soustractions jusqu'à 10 (et 20). Organiser des entraînements estivaux intéressants.

Montre à un membre de ta famille ton jeu de math préféré durant notre fête de la maîtrise. Décris comment c'était d'enseigner le jeu. Était-ce facile? Difficile? Pourquoi?

J'ai appris à maman comment jouer au jeu de math Partie Manquante: faire dix. J'ai l'habitude d'apprendre comment jouer les jeux de math de mon institutrice et ensuite de jouer avec mes amis. Apprendre à ma maman était amusant, mais c'était un peu difficile. Même si je sais comment jouer au jeu, j'ai quelquefois oublié de lui expliquer quelques parties importantes.

> Je peux choisir un jeu de maths dans un de nos centres de maths et l'enseigner à un membre de ma famille. Je sais comment jouer le jeu par moi-même, mais parfois on apprend quelque chose en l'enseignant à quelqu'un d'autre. Cela m'a aidé à penser à en faire des dizaines quand j'ai dû montrer à ma maman comment jouer

UNE HISTOIRE D'UNITÉS — Leçon 30 Aide aux devoirs — 1•6

Qu'est-ce que tu as appris en math aujourd'hui?

Aujourd'hui, j'ai décoré un dossier de math pour mon kit mathématique de l'été. J'ai décoré mon dossier avec des dessins de toutes les choses que j'ai apprises en math cette année. J'ai dessiné des phrases numériques d'addition et soustraction, des dessins de groupes de 5 et les liaisons numériques. J'ai aussi dessiné des dizaines rapides, un tableau de valeur de position et des formes bi et tri-dimensionnelles différentes. Il y a seulement certaines des nombreuses choses que j'ai apprises en math cette année. J'essaierai de m'entraîner à l'aide de mon kit d'été chaque jour avec un membre de ma famille pour que je puisse me préparer pour les math de la deuxième année!

Mon pack d'été comprend
- La leçon 30 Pack d'été.
- Cartes à un seul chiffre ou à 5 groupes.
- 5 sprints de fluidité de base et quelques autres sprints de niveau 1.
- Les ensembles de pratiques différenciées en matière de maîtrise mathématique.

Leçon 30 : Créer des couvertures de dossier pour travail qui sera ramené à la maison illustrant l'apprentissage de l'année.

Crédits

Great Minds® a fait tout de son possible pour obtenir l'autorisation de réimprimer tout le matériel protégé par des droits d'auteur. Si un propriétaire de matériel protégé par des droits d'auteur n'est pas mentionné dans le présent document, veuillez contacter Great Minds pour qu'il soit dûment mentionné dans toutes les éditions et réimpressions futures de ce module.

Printed by Libri Plureos GmbH in Hamburg, Germany